NOTICE

HISTORIQUE ET STATISTIQUE

SUR

PRÉMONT

NOTICE

HISTORIQUE ET STATISTIQUE

SUR

PRÉMONT

par G. ASSELIN.

COURONNÉE PAR LA SOCIÉTÉ ACADÉMIQUE
DE SAINT-QUENTIN.

« Aimons le sol qui nous a vus naître,
« Nous aimerons notre belle France. »

SAINT-QUENTIN

Imprimerie de Jules MOUREAU, Place de l'Hôtel-de-Ville, 7.

1866

EXTRAIT

DU RAPPORT SUR LE CONCOURS D'HISTOIRE LOCALE,

PAR M. DAMOISY, MEMBRE TITULAIRE,

Lu par M. FARQUE, dans la séance publique du 5 Août 1866.

« Le sujet du concours d'histoire locale proposé par la Société académique était de *Faire l'histoire d'une localité quelconque de l'arrondissement de Saint-Quentin, les concurrents pouvant se borner à une seule époque..*

» Deux mémoires ont été présentés, l'un intitulé: *Notice historique et statistique sur Prémont*, l'autre, portant pour titre ; *Canalisation de l'Oise et de la fausse Sambre sous le règne de Louis XIV.*

» L'auteur de la notice sur Prémont a divisé son travail en deux parties, l'une contenant les faits historiques, et l'autre, la statistique et les renseignements.

» La situation géographique de Prémont, au nord de la Gaule et de la France, l'a rendu, comme Cambrai dont il a suivi le sort, témoin de toutes les luttes qui ont ensanglanté notre pays. Aussi son histoire, secondaire en elle-même, se rattache-t-elle aux principales phases de notre existence nationale.

» L'auteur en fait remonter l'origine au temps de Jules César. Le conquérant des Gaules, après avoir défait les Nerviens sur les bords de la forêt charbonnière qui s'étendait depuis le Vermandois jusqu'à Mons, créa dans nos contrées un grand nombre d'établissements militaires assis au sommet ou sur le versant des collines, et destinés à assurer ses conquêtes. Prémont, selon l'auteur, serait l'un de ces établissements. Il est situé sur un endroit élevé, dominant le pays, et borde une de ces grandes voies stratégiques romaines dont les traces se sont conservées jusqu'à nos jours.

» Plus tard, lors de l'invasion des Barbares, les habitants errants de ces contrées vinrent se grouper autour de cet établissement qui, construit originairement pour leur servage, devint ainsi pour eux un lieu de refuge et de défense. Tel fut l'origine de Prémont. Son nom, autrefois *Perreumont*, viendrait et de sa situation et de la nature de son sol *Petrosus mons.*

» L'auteur nous montre ensuite ce que fut

Prémont à travers les siècles. La religion chrétienne, déjà pratiquée dans ce pays sous la dominationromaine, prend un plus grand développement à partir du règne de Clovis. Prémont suit aussitôt ce mouvement, et plus tard son église est mise sous l'invocation de saint Germain, évêque de Paris, mort en 576.

» Vers l'an 983, Prémont fut l'une des douze terres nobles érigées en pairies dépendant de l'évêché de Cambrai. Au temps des Croisades, l'un des seigneurs de Prémont, Mathieu de Walincourt, part pour la terre sainte. A son retour, et pour rendre grâces à Dieu d'avoir échappé aux désastres de ces lointaines expéditions, il fonde, dit l'auteur, la chapellenie de Sainte-Catherine-des-Terrages, et il vend au chapitre de Saint-Quentin les deux tiers de la dîme de Prémont, cession qui amène par la suite de nombreuses difficultés entre les deux clergés. Puis, quand paraît l'édit d'Amboise (19 mars 1566), Prémont est un des lieux désignés aux protestants pour leurs réunions et pour l'exercice de leur culte.

» Prémont suivit en grande partie le sort de Cambrai et ressentit vivement les conséquences de toutes les guerres qui désolèrent cette contrée. Citons, avec l'auteur, un dernier épisode de ces guerres.

» En 1794, l'armée du Nord commandée par

Pichegru, était en présence des armées ennemies qui venaient de faire capituler Landrecies. Le 14 avril, différents détachements de troupes françaises en cantonnement dans les villages voisins se trouvaient réunis à Prémont pour une revue générale, lorsque tout à coup l'approche d'un corps nombreux d'Autrichiens est signalée.

» Bernadotte, le futur roi de Suède, alors commandant la 71ᵉ demi-brigade, organise à la hâte la défense, et informe de cette attaque le général Goguet qui avait son quartier-général à Bohain. La lutte fut des plus vives et la défense héroïque ; mais il fallut céder sous le nombre. Le village, faiblement fortifié, fut pris ; tous les artilleurs, à l'exception de deux, furent massacrés sur leurs pièces, et Bernadotte lui-même ne dut son salut qu'à la vitesse de son cheval. Les ennemis eurent 4,000 hommes hors de combat, et furieux d'une aussi grande perte, ils livrèrent le village au pillage et à l'incendie. De 400 maisons dont il se composait, il n'en resta pas vingt debout, et la population qui s'élevait à deux mille cent habitants, tomba à douze cents sans pouvoir dépasser ce chiffre pendant plusieurs années.

» Depuis, Prémont ne figure plus dans nos annales militaires, et l'auteur nous montre ses industrieux habitants cherchant par le commerce et les travaux de la paix à réparer les désastres du passé.

» La seconde partie de la notice contient différentes pièces justificatives et des renseignements statistiques d'un intérêt réel pour la localité.

» L'auteur n'a certainement pas prétendu faire une œuvre littéraire de premier ordre. Mais son travail, il faut le reconnaître, est le fruit de recherches nombreuses et intelligentes dans les archives du pays. Il est fait avec soin, le style en est simple, trop uniforme peut-être, mais clair.

» La Commission, ayant jugé dignes de récompenses les deux mémoires proposés, vous propose de décerner :

» 1° Une médaille de vermeil (grand module) à l'auteur du mémoire sur la canalisation de l'Oise et de la fausse Sambre ;

» 2° Et une médaille de vermeil à l'auteur de la notice historique et statistique sur Prémont.

» La commission était composée de MM. Farque, Quérette, J. Lecocq, C. Daudville, Cardon, Damoisy, rapporteur.

» Conformément aux conclusions de la Commission, une médaille de vermeil (grand module) a été décernée à M. Matton, archiviste de l'Aisne, à Laon ; et une médaille de vermeil à M. Asselin, de Prémont.

NOTICE

HISTORIQUE ET STATISTIQUE

SUR

PRÉMONT

Il est souvent difficile à l'écrivain qui se propose de tracer l'histoire d'une localité, de rassembler les matériaux nécessaires pour reconstruire le passé de ce pays, surtout si le rôle de cette localité n'a été que secondaire dans la suite des événements. C'est cette tâche que j'ai voulu entreprendre. Comme c'est l'ensemble des faits particuliers qui donne sa véritable physionomie à l'histoire, on ne lira peut-être pas sans intérêt les quelques pages suivantes, fruit des recherches auxquelles je me suis livré sur le passé de Prémont. Trop heureux si j'ai pu porter à la connaissance de mes lecteurs certains faits ignorés de quelque valeur, se rattachant à notre grande histoire nationale.

Les premiers matériaux qui nous aident pour commencer cette histoire, sont les rares vestiges que nous ont laissés les Celtes dans les débris de leurs sombres forêts, aujourd'hui presque entièrement défrichées.

Les Celtes ne nous ont transmis comme objet de leur industrie, que deux haches en silex, trouvées dans le bois de Prémont, au lieudit la Voie du Champ Claudine; et une borne située près du bois de Fervaque, aujourd'hui défriché, laquelle paraît indiquer la sépulture d'un chef de tribu.

An 57 avant Jesus-Christ. — Jules César, après avoir soumis les Bellovaques et les Ambiens voulut combattre les Nerviens, nation à demi-sauvage qui n'habitait que les profondeurs des forêts : pendant trois jours son armée chemina sans s'éloigner des frontières du pays occupé par ce peuple.

Occupation romaine. — On ne peut guère supposer que les Nerviens, secondés de leurs alliés les Véromanduens et les Attrebotes, au lieu de défendre l'entrée de leur pays, se soient repliés derrière la Sambre, en laissant envahir la plus belle partie de la contrée qu'ils habitaient. L'armée romaine marcha à petites journées et détacha des éclaireurs pour aller reconnaître les positions et marquer l'emplacement où elle pourrait camper. Une de ses légions campa à Etaves [1], ne pouvant être d'aucun secours à l'armée dans nos épaisses forêts ; c'est donc sur les bords de la forêt charbonnière, cette immense étendue de bois qui, depuis le Vermandois s'avançait jusqu'à Mons, que l'infanterie romaine attaqua ces braves Nerviens, dont l'armée fut refoulée au-delà de la Sambre, et y fut presque entièrement anéantie. Des 60,000 hommes dont elle était composée, 500 à peine purent échapper à ce carnage, et de 600 sénateurs, trois seulement parvinrent à se soustraire à ce massacre.

Fouilles archéologiques. — Après que César eut anéanti l'armée nervienne, il fut longtemps en butte aux attaques du peu d'habitants qui restaient dans nos forêts ; ceux-ci toujours vaincus mais jamais domptés, ne laissaient pas que d'inquiéter les Romains. Pour se mettre à l'abri de ces fréquentes attaques, César créa dans nos contrées, sur le sommet ou le versant des collines, un grand nombre d'établissements qui lui permettaient de surveiller ces peuplades errantes.

Aujourd'hui la charrue met fréquemment à

1 Piette, *Statistique du canton de Bohain*, page 41

découvert des débris de vases, des tuiles et même les fondations des constructions de cette époque. Presque à chaque ruine, on retrouve les meules des moulins à bras, dont se sont servis les habitants de ces exploitations agricoles.

La voie romaine de Bavay à Lyon, qui sépare le terroir de Prémont de ceux de Serain, Elincourt et Maretz, est jonchée le long de son parcours de ces mêmes débris de vases, de meules et de vestiges de constructions, dont on peut faire hardiment remonter l'origine à l'époque de la domination romaine. Là on a trouvé plusieurs sarcophages en pierres blanches renfermant des ossements, des armes et des ustensiles grossiers, enfin un retranchement formé d'un rideau au sud et à l'est, surmontant un fossé profond et au centre d'un tumulus qui a plus tard servi de butte à un moulin à vent, aujourd'hui disparu. On découvre également sur le parcours de cette voie, après de fortes pluies, des médailles à l'effigie des empereurs.

Au sud de Prémont, au lieudit le Petit Chemin de Saint-Quentin, deux rideaux, l'un au nord et l'autre faisant ligne parallèle à la voie romaine, entourent de nombreuses ruines d'une certaine importance, à en juger par les nombreux débris de tuiles et de vases d'origine romaine, qui jonchent le sol ; en 1865, des moissonneurs ont trouvé en cet endroit, parsemées sur le sol, dix-neuf pièces de monnaie à l'effigie de Posthume. Enfin, à la voie du Champ Claudine, au Buisson Ardent, à l'angle du chemin de Maretz à Busigny et à la voie de la Grosse Borne, on découvre toutes ces ruines très-rapprochées, ayant servi sous la domination romaine à la défense commune des habitants.

Notre pays qui faisait partie du Cambrésis, commençait à jouir des douceurs de la paix, quand le tyran Maxime s'empara de Cambrai, vers 381, mais il en fut chassé peu après par les farouches Alains, arrivant des bords de la mer Caspienne. Les Goths, trente ans après, viennent ravager la Belgique et s'emparent de Cambrai, dont ils occupent les alentours.

Le Cambrésis ne pouvait être facilement abandonné par les Romains, qui le reprirent peu de temps après. Les établissements romains, disséminés dans cette contrée, eurent beaucoup à souffrir de ces guerres continuelles, où tout était à la merci de la soldatesque. Les Francs, à leur tour, accoururent des bords du Rhin, sous la conduite de leur chef Clodion, ravagèrent la forêt charbonnière et anéantirent ce qui avait échappé à l'œuvre de dévastation des autres conquérants.

Clodion gagna par cette conquête le titre de roi de Cambrai et fit dans cette ville un massacre général des Gallo-Romains.

An 420. Origine de Prémont. — Nos contrées restèrent désertes par la fuite de leurs habitants. Ceux-ci chassés de leurs établissements détruits par les barbares, vécurent pendant quelque temps en peuple nomade; peu après ils se construisirent des huttes assez rapprochées de quelques-uns de ces établissements Gallo-Romains échappés au vandalisme des Francs, pour pouvoir se secourir mutuellement, et ce fut une de ces agglomérations placée sur un lieu élevé et pierreux, qui devint Prémont. (*Petrosus mons.*)

Clovis devenu par droit de conquête maître du Cambrésis, et n'ayant figuré jusqu'alors qu'en prince ambitieux, ne tarda pas à se montrer allié barbare et parent dénaturé. Les Francs, on le sait, étaient divisés en plusieurs tribus; Clovis était bien le général commun de toute la nation ; mais il n'en était pas l'unique roi. Regnacaire qui régnait alors dans le Cambrésis, en voulait à Clovis parce que celui-ci avait changé de religion. Clovis pour se venger le fit prendre par des traîtres qu'il avait achetés à prix d'or, et son ennemi lui fut livré pieds et mains liés. Il lui fend lui-même la tête d'un coup de hache en disant : « Tu as fait tort à ta race, de t'avoir ainsi laissé lier comme un esclave? ne devais-tu pas prévenir cette honte par une mort honorable. »

Clovis protégea dans le Cambrésis le rétablissement

de la religion chrétienne qui y était déjà pratiquée sous la domination romaine. Saint Vaast et saint Gery brillent successivement par la parole sacrée, leurs prédications sont couronnées de succès, et le souffle du christianisme sortant de leurs lèvres inspirées, renverse les idoles et leurs autels.

An 576. Etablissement du culte de saint Germain. — Saint Médard vint peu de temps après ces deux champions de la foi, dans nos contrées déjà chrétiennes, y prêcher l'évangile à nos pères. C'est vers cette époque que fut établi dans la paroisse de Prémont le culte de saint Germain, mort en 576. Un miracle opéré par lui sur un nommé Bobolinus de Noyon, aura sans doute engagé ce saint prélat à en éterniser la mémoire, en consacrant l'église de Prémont sous l'invocation de cet illustre évêque de Paris[1].

An 870. Création des comtes du Cambrésis. — Dans une assemblée tenue par Charles-le-Chauve à Cambrai, en 870, fut décidée la création de chefs sous le titre de comtes, afin d'assurer la défense du

---

[1] Colliette, livre III, page 187.

territoire contre l'ennemi ; de cette époque date la création des comtes de Cambrai.

Charles-le-Chauve en rendant héréditaires les gouvernements des principales provinces, voulait par là encourager les comtes à défendre leurs provinces contre les Normands, mais cette concession eut pour résultat de donner à ces comtes des prétentions et des forces qui firent trembler ses successeurs, et ne firent qu'affaiblir le pouvoir royal sans empêcher l'irruption des barbares.

*An 881. **Les Normands dans le Cambrésis**. —* La valeur des comtes de Flandre fut impuissante pour préserver le Cambrésis de ces attaques. Aussi ces Normands, en 881, mirent-ils le Cambrésis deux fois à feu et à sang, et Prémont ne fut pas plus épargné que le reste.

Invasion des Huns. — Les Huns ou Hongrois, peuple barbare, à leur tour, viennent mettre le siége devant Cambrai, mais ils échouent dans leur entreprise et se retirent après trois jours de siége, non sans avoir pillé et incendié ses malheureux environs. Vingt ans après, Charles, duc de Lorraine, sur la prière d'Arnould, comte du Cambrésis, arrive à Cambrai sous le prétexte de protéger cette ville, y met une forte garnison, et au lieu de protéger cette cité, ne fait que la ravager. Alors profitant de la vacance au siége épiscopal, il veut remplacer l'évêque, s'empare des revenus de l'évêché, et se rend coupable d'une foule de dilapidations. L'empereur d'Allemagne, Othon, lui fit prendre une voie plus sage et donna la mître épiscopale à Rotard, l'un des évêques les plus remarquables de Cambrai.

Othon voulant assurer des appuis à l'évêque Rotard ainsi qu'à ses successeurs, créa douze pairies attachées à certaines terres nobles et héréditaires, excepté celle de Montrecourt qui était seulement personnelle, c'est-à-dire attachée à sa personne. Cette nomination avait lieu chaque fois qu'un nouvel évêque était appelé au siége de Cambrai. Ces pairs qui formaient pour ainsi dire un sénat, et qui gouvernaient les états avant que le comté de Cambrai eût été donné aux évêques, étaient défenseurs nés du prélat, et lui devaient hommage et fidélité. Ils étaient obligés d'assister annuellement, en l'église métropolitaine, à la procession qui se faisait le jour de la Chandeleur, revêtus de leurs manteaux et cotte d'armes, le heaume en tête et l'épée de cire blanche en mains, armoiries, dont ils faisaient offrande à la messe solennelle. Ils y étaient précédés chacun de deux écuyers qui portaient leurs bannières peintes et ornées de leurs armes.

An 983. *La seigneurie de Prémont est érigée en pairie ecclésiastique.* — C'est vers l'an 983 qu'eut lieu l'institution de la pairie, et que l'une de ces dignités fut attachée à la seigneurie de Prémont [1].

Cette terre portait de gueule à trois chevrons d'or, à la bordure d'argent, et criait saint Aubert [2].

Après le décès de Rotard qui arriva en 995, Herluin fut appelé en la même année au siége épiscopal de Cambrai, et fut sacré à Rome par le pape Grégoire V. A son arrivée à Cambrai il trouva tous les biens de Rotard pillés par différents seigneurs et principalement par le redoutable Watier, chatelain de Cambrai. Le pape Grégoire rendit une sentence d'excommunication contre les usurpateurs.

Cette bulle d'excommunication donna une telle frayeur à plusieurs, qu'ils remirent sans autre formalité, les biens qu'ils avaient ravis à cet évêque. Arnould, comte de Cambrai, étant mort sans lignée, l'empereur Henry donna à perpétuité au nouveau prélat et à son Église, le comté de Cambresis et obligea en 1007, les seigneurs qui étaient issus ou alliés de la maison d'Arnould, de renoncer en sa présence, à toutes les prétentions qu'ils pouvaient avoir sur ce comté.

---

1 Carpentier, *Histoire de Cambrai*, tome I, page 23.
2 Le même, *Histoire de Cambrai*, tome II, page 912.

Emblème de la pairie de Prémont

An 1007. *Gossuin se soumet à l'évêque Herluin et restitue les biens qu'il avait usurpés.* — Nos historiens nomment parmi ces seigneurs Adam de Walincourt, Gossuin de Prémont, Gilles de Caullerie, etc., etc. Cette renonciation forcée remua plusieurs siècles tout le Cambresis, et causa des ravages tels, au dire de Carpentier, « que nos esprits ne sauraient concevoir et que nos yeux ne sauraient jamais assez pleurer [1]. »

An 1094. *Lutte au sujet de l'élection du successeur de l'évêque Gérard II.* — De nouveaux troubles vinrent encore affliger notre pays en 1094. La lutte qui s'éleva après la mort de l'évêque Gérard II, entre le clergé, la noblesse et le peuple laissa de tristes souvenirs dans cette province. Après une année passée dans de vaines discordes, le peuple impatienté s'assembla et élut Manasse; le clergé sentit la nécessité de prendre un parti et élut Masselin. Le peuple refusa de se rallier à l'élection du clergé : il lui fallait Manasse et pour l'obtenir il menaça de mettre à mort quiconque refuserait de se joindre à son parti. Masselin n'osa accepter la mître et Manasse chargé de riches présents enlevés par le peuple au trésor de l'église de Cambrai, fit

1 Carpentier, *Histoire de Cambrai*, tome I, page 314.

la démarche de se rendre auprès de l'empereur pour solliciter la confirmation de son élection ; mais ces moyens de séduction furent sans succès.

Alors l'église de Cambrai se trouvant privée de chef, Foulque de Levin s'empara du palais et des revenus de l'évêché. Des seigneurs opulents élevèrent des châteaux à Gouy et à Rumilly, Adam répara celui de Walincourt, Arnould celui de Busigny, Gilles celui de Prémont, etc., etc., et au mépris de leurs serments de fidélité envers l'Eglise de Cambrai, ils firent hommage de leurs terres au comte de Flandre. Comprenant de plus en plus la nécessité d'un évêque à Cambrai, enfin l'on s'entendit ; le peuple se ralliant à la noblesse et au clergé, les suffrages se réunirent sur Gaucher archidiacre de l'église. Cette élection fut confirmée par l'empereur, et suivant la coutume, conféra au nouvel évêque la seigneurie de Cambrai [1], et lieux circonvoisins.

An 1182. Ligue contre Philippe comte de Flandre. —Philippe, comte de Flandre et régent du jeune roi Philippe-Auguste, (1182) ayant profité de la faveur dont il jouissait sous Louis-le-Jeune, s'empara du comté de Vermandois que sa femme lui avait laissé en usufruit, au préjudice d'Éléonore, sa

[1] Carpentier, *Histoire de Cambrai*, tome I.

sœur, et des droits du roi, mais il vit se liguer contre lui quatre frères de la douairière Alix de Champagne. A ceux-ci se joignirent beaucoup de seigneurs très-puissants dans le royaume; Philippe craignant trop de difficultés pour se soutenir, se retira dans ses états de Flandre. Le jeune roi ayant alors dix-huit ans prit en mains les rênes du gouvernement.

Philippe de Flandre, en faisant le sacrifice de la régence, n'avait pas abandonné les droits qu'il sentait avoir sur le Vermandois; il croit intimider son ancien pupille, en se jetant sur la Picardie où il exerce d'affreux ravages. Le roi se met aussitôt en campagne, et reprend plusieurs des villes dont le comte de Flandre s'était emparé et entre autres Bohain (1183).

An 1183. — Prémont dut souffrir beaucoup de ces guerres qui, toujours accompagnées de pillage, rendaient le peuple excessivement malheureux.

A la suite de la prise de Jérusalem par le célèbre Saladin, Richard Cœur-de-Lion et le roi de France Philippe-Auguste, se liguèrent pour aller au secours de la Terre-Sainte. Aussitôt que ce projet fut connu, seigneurs, bourgeois et paysans s'empressèrent de prendre la croix. On remarqua parmi eux Mathieu de Walincourt, dit de Prémont, Baudoin de Beaurevoir, Gui chatelain de Coucy, etc., etc.

On connaît l'insuccès de cette nouvelle croisade occasionné par la division qui survint entre les deux rois.

An 1202. *Fondation de la chapellenie de Sainte-Catherine.* — C'est en reconnaissance de la grâce que Dieu avait faite (1202) à Mathieu de Walincourt, de revenir sain et sauf de cette croisade, qu'il fonda dans Prémont la chapellenie de Sainte-Catherine des Terrages [1].

An 1206. *Vente d'une partie de la dîme de Prémont au chapitre de Saint-Quentin.* — Quatre ans après il vendit les deux tiers de la dîme de Prémont au chapitre de Saint-Quentin qui l'acheta au prix de deux cents livres monnaie d'Arras. Cette dîme provenait d'un fief relevant d'Adam de Walincourt, frère du vendeur qui en ratifia le contrat de vente et d'achat.

An 1237. *Charte de Baudoin.* — Jusqu'alors les

---

1 Colliette, livre XV, chapitre CXIX, et Piette, *Statistique du canton de Bohain*, page 55.

habitants du pays n'avaient été gouvernés, imposés, jugés et punis que selon le caprice des seigneurs; en 1237, Baudoin III dit Buridan octroya à nos pères la loi portant la peine du talion pour tous les sujets ressortissant à sa juridiction. Cette loi est ainsi conçue :

« Celui qui tuera un homme ou le démembrera paiera mort pour mort, membre pour membre, à la volonté du seigneur ; si un manant est en guerre, le seigneur doit lui assurer la franchise de la ville. »

An 1316. *Nouvelle loi de Walincourt.* — Cette loi fut proscrite vers la fin du règne de saint Louis et remise en vigueur en 1316 par un descendant de ce Baudoin nommé Jeheans. Voici la traduction de cette dernière charte, monument curieux de ces temps de barbarie.

« Nous, Jean, seigneur de Wallincourt, pair de Flandre, faisons savoir à tous ceux qui verront cette lettre de corruption et défaillance, etc., etc.

» 1° Celui qui tuera un homme ou démembrera un membre doit payer mort pour mort, pied pour pied, en la volonté du seigneur, etc.

» 2° Celui qui frappe de pied ou de poing sans faire sang, 20 sols paiera, et s'il y a sang paiera 80 sols.

» 3° Celui qui frappera de bâton sans faire sang et sans blesser, 80 sols et s'il fait sang, 120 sols.

» 4° Celui qui tirera son couteau sans faire sang, 80 sols et s'il s'en sert sans néanmoins avoir blessé, 100 sols.

» 5° Celui qui frapppera de hache et tire son épée sans faire sang, 40 sols et s'il en fait, 100 sols, et de toutes autres armes remoulues, 100 sols; et doit au blessé dommage raisonnable selon le jugement du bailli.

» 6° Celui qui frappera quelqu'un dans sa maison 80 sols.

» 7° Si on vend une maison habitable en notre terroir, le seigneur doit en avoir le tiers, de la maneaudée, 4 sols d'issue et autant d'entrée.

» 8° Chaque habitant qui a une maison doit 4 corvées l'an, le manouvrier doit 8 deniers pour sa corvée.

» 9° Celui qui a un cheval doit 3 sols pour la corvée.

» 10° Celui qui démentira quelqu'un par colère doit 7 sous, s'il en est convaincu par témoins.

» 11° Celui qui appellera une femme putain, 8 sols.

» 12° Celui qui se sert de la femme d'autrui, 70 sols.

» 13° Si le seigneur de Wallincourt est fait prisonnier en guerre ou en Terre Sainte, les manants doivent donner tous leurs biens pour sa rédemption, selon la discrétion du seigneur.

» 14° S'il fait faire son fils aîné chevalier, les manants doivent ensemble donner 160 livres. S'il donne sa fille aînée en mariage, 80 livres pour honorer ses épousailles.

» 15° Quand le seigneur aura guerre ou sera appelé par son souverain, les manants devront livrer deniers selon la raisonnable requête de leur seigneur et s'ils s'en trouvaient trop grevés ils pourront en faire remontrance au seigneur de Crèvecœur.

» 16° Si un manant quitte notre terroir pour se placer ailleurs, il devra au seigneur le cinquième de la valeur de sa maison s'il en a une.

» 17° Celui qui vendra vin sans afforer en présence d'échevin devra 100 sols. — Si le sergent du seigneur trouve quelqu'un coupant ou portant à son cou ou à charrette, si le sergent en a témoignage 70 sols de forfait.

» 18° Si vache ou cheval est trouvé par jour en blé ou en bois, ou en dommage d'autrui à faire paître, doit 20 deniers.

» 19° Si quelqu'un témoigne faux pardevant échevins il doit au seigneur 8 sols d'amende, et si quelqu'un nie dette et qu'il en soit convaincu, doit 10 sols, si le faux témoignage a lieu au sujet d'héritage, 80 sols. »

Ces choses toutes ordonnées nouvellement après mûr, sage et bon conseil de tous les seigneurs et nos amis par nous appelés comme dit est, avons confirmé, scellé de notre sceau, l'an de .l'incarnation de Notre-Seigneur MCCC et XVI-XV jour de mai.

An 1251. L'évêque de Noyon cède au chapitre de Saint-Quentin tout ce qui lui appartient dans les novolles de Prémont. — En 1251, l'évêque de Noyon céda au chapitre de Saint-Quentin tout ce qui lui appartenait dans les *novolles* de la paroisse de Prémont, il approuva dans la même année l'arrangement que les chanoines avaient fait au sujet de cette cession avec Hubert, curé du lieu [1].

An 1433. Le moulin de Prémont renversé et incendié par les troupes de Lahire. — Le 21 septembre 1433, les troupes de Charles VII, au nombre de quinze cents hommes, commandées par Vargniole dit Lahire, s'emparent de la ville d'Apre, qu'ils détruisent. Dans leurs courses ils brûlent Beaurevoir, son moulin et La Mothe, maison de plaisance où était la comtesse de Ligné ; Clary et Ligny subirent le même sort. Le moulin de Prémont bâti sur La Mothe, près le chemin de Clary,

---

1 Piette, *Statistique du canton de Bohain,* page 58.

fut également renversé et brûlé par cette troupe qui ravagea les environs de Beaurevoir [1] [2].

An 1531. *Réédification du chœur de l'église de Prémont.* — Les guerres qui eurent lieu dans le Cambrésis entre les Impériaux et les Français, ruinèrent le pays au point de ne pouvoir permettre d'entretenir les édifices consacrés au culte; le chœur de l'église de Prémont était tombé en ruine et la communauté était trop pauvre pour le reconstruire et pourvoir à l'entretien du chœur de son église. Elle sollicita le concours du chapitre de la collégiale de Saint-Quentin qui était gros décimateur de la terre de Prémont. Par un accord du 19 août 1531, consenti en présence de M. de Baillieul, bailli de madame la douairière de Vendôme, dame de Prémont, entre les notables, mayeur, échevins, marguilliers et Bourgeois, curé de la paroisse de Prémont, et MM. les doyen et chanoines du chapitre de Saint-Quentin; ces derniers s'obligèrent de pourvoir à l'entretien du chœur de l'église qui se trouvait pour lors en voie de reconstruction, et devant être en telle hauteur qu'il était précédemment; qu'il y aurait trois verrières et quatre arcs-boutants.

[1] Mémoriaux des abbés de Saint-Aubert.

[2] Mémoire sur le procès d'Elincourt, page 3.

***An* 1581. *L'église de Prémont incendiée.* —** Cet accord fut la cause de procès interminables entre MM. du Chapitre et la commune de Prémont. En 1581, le comble de l'église fut presque entièrement détruit par le feu, le chœur fut aussi fortement endommagé, ce qui nécessita, en 1612, de nouvelles réparations; Vallerand-Levasseur et Gabriel Malpierre consentirent à donner soixante-dix florins à la condition que la paroisse pourvoirait au reste de la somme nécessaire pour faire ces réparations devenues des plus urgentes. La communauté contribua pour sa part en donnant deux cents florins. Deux cent trente-trois chefs de famille furent imposés en un rôle pour pouvoir se procurer cette somme [1].

***An* 1553. *Prémont incendié par les troupes de Henry II.* —** Les hostilités venaient de recommencer entre Henry II et Charles-Quint, dont les troupes occupaient Cambrai; Henry II qui était campé à Ecaudœuvre, voyant qu'il ne pouvait s'emparer de Cambrai, se dirigea vers Crèvecœur, où il établit son camp en septembre 1553. Le connétable de Montmorency et l'amiral de Coligny commandaient cette armée. Après avoir brûlé les faubourgs de

[1] Archives communales de Prémont, 1er livre.

Saint-Ladre, de Saint-Georges, de Saint-Sépulcre et de Cantimpré, les troupes du camp quittèrent Crèvecœur et se dirigèrent vers Le Câteau.

Plus de cinquante villages furent brûlés dans le Cambrésis; ceux surtout qui se trouvèrent sur la route suivie par ce corps d'armée ressentirent la colère de ces troupes qui venaient d'échouer sous les murs de Cambrai.

En chemin faisant, dit l'auteur des mémoires chronologiques, deux forts dont nous ignorons la situation furent pris et démolis, l'un fit une assez longue résistance, et l'autre moins fort que le premier n'endura que deux coups de canon.

An 1554. Démolition du château-fort de Prémont. — Prémont a dû avoir à souffrir des marches et contre-marches de cette soldatesque féroce et ivre de vengeance.

Un gisement d'ossements, sur une longueur de cent mètres et recouvert de trente centimètres de terre, au pied des murs de l'ancien château, forteresse assez étendue habitée jadis par nos anciens chatelains, indiquerait en ce lieu une action meurtrière, ce qui laisserait à supposer que le châteaufort de Prémont pourrait être un de ces deux forts dont il est parlé dans les mémoires chronologiques, d'autant plus que les copies des actes déposées au ferme de Prémont [1], ne remontent pas au delà de 1554. Prémont a dû, à cette époque, subir le sort de ces cinquante villages incendiés par les troupes de Henry II.

L'hérésie de Luther avait fait de grands progrès dans le Cambrésis. On pendait, on brûlait les disciples de Calvin et rien ne modérait leur funeste exaltation. L'édit de juillet tolérait le prêche public, et différentes ordonnances précédant cet édit ne suffisaient pas pour arrêter l'émeute et les petits combats que se livraient les catholiques et les protestants. La cour résolut d'en établir une générale (1566); à cet effet le roi se transporta au parlement et l'affaire fut agitée en sa présence. La délibération se réduisit à trois avis : 1° La suppression des poursuites contre les calvinistes ; 2° punition du dernier supplice; 3° condamnation à mort de ceux qui feraient des assemblées. Ainsi donc il fut expressément interdit aux calvinistes toutes assemblées publiques. Cet édit fut mal observé et les réunions proscrites furent tolérées partout.

L'édit d'Amboise donné le 19 mars, permit aux protestants de s'assembler pour l'exercice de leur

---

1 Les actes publics étaient rédigés par le greffier assisté du mayeur et des échevins. Avant qu'un acte fût exécutoire, il fallait en déposer une copie au ferme de la commune, payer les droits seigneuriaux et recevoir l'investiture du mayeur Ces droits dans la transmission des biens avaient été de vingt pour cent. Ils n'étaient plus en dernier lieu que de quinze ou le cinquième, modéré du quart.

religion et d'y faire le prêche dans toutes les campagnes, excepté pour les seigneurs hauts justiciers, à toute l'étendue de leur seigneurie ; pour les nobles à leur maison seulement, pourvu qu'elle ne fût pas dans les villes ou bourgs soumis à la haute justice de quelque seigneur catholique, dans chaque bailliage ressortissant immédiatement aux parlements. On marqua aux calvinistes un lieu commode dans lequel ils pratiqueraient en liberté leur religion.

An 1566. Réunion des protestants à Prémont pour y exercer leur culte. — Prémont fut un des lieux désignés aux réformés pour y exercer leur religion. Les calvinistes de France, du Hainaut, du Cambrésis et de tous côtés, profitèrent de la faveur que leur accordait cet édit pour se réunir à Prémont et y faire le prêche et la cène à leur mode [1].

Quatre jours après, le bailli de Cambrai avec des soldats de la ville et l'appariteur de la cour spirituelle, allèrent au Câteau pour ramener un prêtre détenu en prison pour avoir embrassé la nouvelle religion. Mais les sectaires du Câteau se mirent en armes, battirent l'appariteur et chassèrent le bailli et les soldats hors de la ville sans vouloir permettre qu'on emmenât le prêtre apostat. Quinze jours

1 Manuscrit 884, page 165, de la Bibliothèque de Cambrai.

après, il fut livré au bailli qui le fit emmener jusqu'à Montay.

Heureux les habitants de Prémont de n'avoir rien conservé de ce germe des dissensions religieuses, qui firent tant de mal à la France et qui bien souvent divisent les habitants des petites localités et y entretiennent la discorde.

Prémont possédait autrefois un hôpital ou maladrerie due à la piété de la reine de Navarre dame de Prémont.

Le tour de ville, aujourd'hui rue de la Maladrerie, indique bien le premier emplacement où était situé l'hôpital de Prémont.

An 1573. *Hôpital de Prémont.* — Une copie de l'acte de vente de l'hôpital de Prémont, faite en 1573, et conservée dans les archives communales, fait mention que Nicolas Poulaine, écuyer de cuisine du roi de Navarre, comme gouverneur et administrateur des biens et revenus de l'Hôtel-Dieu de Prémont, vend les droits qu'il avait sur cet hôpital à un nommé Pierre Thellier, pour la somme de cent trente livres de France, à charge par lui, acquéreur, de faire sortir Vinceant Leducq pour n'avoir pas rempli ses engagements comme bailleur des biens et revenus de cet hôpital ; ne pas avoir entretenu le bâtiment servant à héberger les pauvres passants ;

ne pas l'avoir suffisamment garni de lits et couchettes, et en plus avoir négligé d'entretenir les ustensiles nécessaires à l'usage de cette maison. Il était tenu de faire dire trois messes basses par semaine.

Pierre Thellier n'ayant pas non plus rempli ses engagements, fut remplacé peu d'années après par Quentin Legrand; ce nouvel administrateur étant venu à mourir, le roi de Navarre, par sa lettre patente du vingt-six avril 1583, pourvoit à son remplacement en nommant Gallois Legrand, administrateur des biens et revenus de l'hôpital et maladrerie de Prémont et le charge de nourrir, entretenir et alimenter les pauvres malades qui seraient reçus dans cet asile.

En 1686, les chevaliers de l'ordre de Notre-Dame du Mont-Carmel et de Saint-Lazare de Jérusalem, obtiennent un jugement de la chambre royale, séant à Paris, qui les met en possession de l'Hôtel-Dieu de Prémont [1].

An 1581. Luttes des puissances espagnole et française. — Cependant des événements politiques qui devaient avoir des conséquences désastreuses pour

---

1 Archives communales de Prémont.

Prémont se succédaient, l'Espagne venait d'employer ses principales forces à la conquête du Portugal, les Flamands, fatigués d'une longue anarchie voulaient un prince, et nul ne pouvait prendre ce titre plus utilement pour eux que le duc d'Anjou qui fut proclamé comte de Flandre et duc de Brabant. Il était assuré des secours de l'Angleterre, si le mariage projeté entre Elisabeth et lui réussissait, il pouvait également compter sur les secours de la France où son frère régnait; ces circonstances lui permirent de former une armée de dix mille fantassins et quatre mille chevaux.

Cambrai était au pouvoir des Français, c'est alors que le duc de Parme qui commandait les Espagnols vint mettre le siége devant cette ville. Dès les premiers mouvements que celui-ci fit, le duc d'Alençon dépêcha le comte de Fervaque, premier gentilhomme de sa chambre, à qui il confia quatre mille hommes dont le quart seulement put se jeter dans la ville sous la conduite de Balagny, car le marquis de Roubaix, sous les ordres du duc de Parme, parvint à empêcher le reste de la troupe d'arriver à sa destination. En même temps il fortifia du côté de la France trois postes avancés dont l'un était à Marcoing, l'autre à Crèvecœur et le troisième à Vaucelle; un poste assez fort occupait les hauteurs de Sainte-Olle.

An 1581. *Defaite du comte de Chamais à Pré-mont.* — Cambrai ainsi cerné de tous côtés se trouva bientôt en proie à une affreuse disette.

Le 3 décembre, le comte de Chamais, avec un nombre considérable de troupes, s'avança du côté de Prémont et fut encore moins heureux que le comte de Fervaque; la nuit le forçant de s'arrêter, il fut surpris par les escadrons de Roubaix, lancés à sa rencontre; il voulut tenter de se défendre dans l'église, mais menacé d'incendie il se rend à discrétion avec ses soldats, au nombre de cinq cents, qui n'en périssent pas moins au milieu des flammes. Il n'y eut d'excepté que le comte de Chamais, le vicomte de Turenne, père du grand Turenne, le comte de Vantadour, Chappe, Lafeuillade et plusieurs autres officiers de distinction, à cause de la rançon qu'on en espérait; le reste fut mis en fuite par l'infanterie de Roubaix, les autres furent hachés par ses cavaliers, très-peu parvinrent à s'échapper, et presque tous ceux qui ne furent pas tués furent faits prisonniers [1].

Le duc d'Alençon, vivement affecté de cette défaite, voulut prendre sa revanche en tentant un dernier effort pour venger cet échec, il arriva cette fois avec un grand nombre de troupes; le duc de Parme

[1] E. Bouly, *Histoire de Cambrai*, page 331, *et* le manuscrit 670 de la Bibliothèque de Cambrai.

comprenant que la position de Roubaix l'exposait à son tour à être écrasé, fit une diversion à propos, laquelle décida la levée du blocus et toutes les troupes du duc de Parme se retirèrent sur Valenciennes.

Le duc, après quelques revers, voyant les troupes manquant de paie se débander, laissa dans Cambrai une garnison de six mille six cents hommes sous la conduite de Balagny, en le chargeant de ménager une trève avec le duc de Parme. Le duc d'Alençon se rendit en Angleterre pendant cette suspension d'armes pour s'occuper de son mariage avec la reine Élisabeth.

Cette trève ne fut que d'une courte durée, elle fut violée de part et d'autre. Les Espagnols étaient en courses continuelles dans le pays, auxquelles les Français répondaient par d'autres courses.

An 1581. *Le moulin à vent de Prémont est renversé par une trombe.* — Pendant toutes ces alternatives de succès et de revers des belligérants, les habitants de Prémont avaient été privés de leur moulin à vent, renversé par un coup de vent l'année précédente. De plus, ils se voyaient exposés aux courses continuelles de la soldatesque. Les campagnes étaient couvertes de soldats ; les voyageurs n'étaient plus en sécurité sur les chemins ; on les y dévalisait, on emmenait même prisonniers les paysans et les laboureurs ; ceux qui avaient échappé aux armes espagnoles n'étaient pas épargnés par les troupes françaises. Un grand nombre d'habitants émigrèrent pour chercher un asile ailleurs, afin d'y respirer enfin plus paisiblement [1].

An 1586. *Requête des habitants de Prémont au roi de Navarre.* — En 1586, les habitants de Prémont présentèrent une requête au roi de Navarre, leur seigneur, afin qu'il lui plût de faire reconstruire leur moulin. « Ils ne lui demandent pas le rétablissement de leur moulin pour leur commodité, mais pour subvenir à leur misère et à leurs calamités ; pour y aller moudre, afin de ne plus être exposés à être pillés sur les chemins par les brigands en allant aux moulins étrangers ; pour parer à la nécessité où ils se trouvent d'abandonner le lieu et de le laisser désert et inhabité [2]. »

An 1587. *Famine dans le Cambrésis.* — Pour comble de misère, une affreuse famine vint désoler le Cambrésis l'année suivante ; le blé valut à Cambrai jusqu'à 18 florins le mancaud, aussi les pauvres

1 E. Bouly, *Histoire de Cambrai*, page 342.
2 Mémoire sur le procès d'Elincourt, page 36.

gens se virent-ils de nouveau dans la nécessité de vendre le peu de terre qui leur restait pour prolonger leur existence.

An 1595. Prémont retombe sous la domination espagnole. — La guerre fut déclarée de nouveau en 1595, entre la France et l'Espagne. Le prince de Chimay attaque le Câtelet et s'en empare, après quinze jours de blocus. Deux mois après, Cambrai était assiégé par le comte de Fuentès; cette ville capitula après deux mois de siége, et retomba ainsi que le Cambrésis, sous la domination espagnole.

Prémont eut encore à souffrir comme beaucoup de localités du Cambrésis pendant ces marches et contremarches de troupes amies et ennemies.

Dans ces temps-là, où la misère était si grande dans le Cambrésis, les laboureurs avaient bien de la peine de pouvoir terminer leurs labours et d'ensemencer leurs terres. Ils étaient surpris et emmenés prisonniers, et leurs chevaux enlevés. Qu'on juge de la détresse du cultivateur à ces époques de dévastation, où son travail était presque sa seule industrie pour pourvoir à sa subsistance?

An 1606. Vente de la seigneurie de Prémont à Jérôme Sart. — A la mort de Henry III, l'état était

grevé de dix millions de rentes, la rebellion ache-
vait de paralyser les ressources, en ne permettant la
levée des impôts que partiellement, et dans les
seules provinces demeurées fidèles. Henry IV, afin
de payer d'une part les dettes que pour soutenir la
guerre il avait été obligé de contracter, et d'autre
part solder les sommes exorbitantes qu'il s'était vu
forcé d'accorder aux chefs de la ligue pour acheter
leur soumission, fut contraint d'aliéner une partie
du domaine de la couronne. C'est en 1606 que
Henry IV vendit la seigneurie de Prémont à Jérôme
Sart de Cambrai, qui possédait déjà Elincourt par
l'acquisition qu'il en avait faite.

An 1620. Construction du château de Prémont.
— Prémont ne fut habité par ses nouveaux
seigneurs que vers 1620, entre autres par Nicolas
Le Sart, fils de ce Jérôme. C'est vers cette époque
que fut construit le château détruit en 1794.

Jérôme Sart usant de son droit de seigneur souverain de Prémont, voulut réformer les abus qui
existaient dans l'administration des revenus de
l'hôpital et du mode d'emploi des ressources qui
ne servaient qu'à héberger quelques passants, le
plus souvent des vagabonds, au lieu d'y recevoir les
malades pauvres et sans ressources.

An 1606. Don des biens de l'hôpital aux pauvres. — Pour obvier à ces inconvénients, il fit don le 10 septembre 1606, des revenus et émoluments des biens de l'hôpital aux pauvres habitant Prémont. Le bâtiment qui servait d'hôpital et son jardin, furent loués aux curés qui se succédèrent jusqu'à la révolution pour douze florins par an, et deux messes basses de fondation furent dites toutes les semaines jusqu'à 1789.

Les biens des pauvres étaient régis par le seigneur, le mayeur et le curé de la paroisse qui multipliaient les secours selon les circonstances : Deux listes de distribution de pains et de blé étaient dressées chaque année, les secours en argent n'étaient accordés qu'accidentellement aux vieillards malades et sans aucune ressource ; en 1693, il fut fait une distribution de bois aux vieillards ; des nourrices étaient payées pour élever les enfants abandonnés et les orphelins pauvres ; un prédicateur recevait soixante florins[1] pour annoncer la parole de Dieu aux administrés ; des vêtements chauds pour les vieillards, dn linge blanc pour les malades, venaient aussi contribuer au soulagement des malheureux.

Un médecin ou chirurgien était en outre attaché

---

1 Le florin valait 25 sols.

à cet établissement pour donner ses soins aux malades assistés, il livrait aussi les médicaments. En 1626, c'était Pierre Lescart, chirurgien, qui était chargé de cette mission. Un mémoire du chirurgien des pauvres, présenté à l'administration desdits biens, en 1731, fixait le prix de la saignée à cinq sols, ses visites à deux sols et demi. En 1774, c'était Soilleux, chirurgien à Prémont qui donnait ses soins aux pauvres.

L'instruction des enfants n'était pas non plus oubliée. En 1626, il fut payé quatre potards[1] à deux enfants étudiants, passant leur chemin ; Marie-Jeanne Bera, dame d'école comme on disait alors (1748), recevait huit florins pour avoir tenu des enfants pauvres. Enfin des secours étaient donnés jusque sur les bords de la tombe pour l'inhumation de ceux dont les parents ne pouvaient pas pourvoir aux frais nécessaires pour rendre les derniers devoirs au défunt [2].

An 1670. *Passage de Louis XIV à Prémont.* — Le 1ᵉʳ mai 1670, Louis XIV en revenant de l'armée de Flandre, arrivait dans la matinée à Prémont. M. De Sart le reçut au château où il déjeûna. De

[1] Le potard valait 5 doubles 17 millièmes.
[2] Archives communales.

Prémont il se rendit à Saint-Quentin où il arriva vers quatre heures de l'après-midi.

Le chemin qui conduit de la rue de Bohain à Brancourt fut aplani ; on lui donna une largeur régulière ; il porte encore aujourd'hui le nom de Chemin du Roi, sans doute en mémoire du grand roi qui le parcourut le premier, et pour qui il fut réparé.

An 1682. Litige entre le chapitre de Saint-Quentin et Prémont. — Les guerres qui affligèrent le Cambrésis jusqu'à la paix d'Utrecht, contribuèrent à faire ajourner les réparations de l'église ; le chœur était sans comble et tombait en ruine, les marguilliers de la paroisse s'adressèrent au Chapitre de Saint-Quentin pour qu'il voulût bien contribuer à faire les réparations devenues indispensables, s'y étant obligé par la convention du 19 avril 1531. MM. les chanoines du chapitre de Saint-Quentin montrèrent une telle insouciance qu'ils se laissèrent condamner par défaut et à plusieurs reprises. Il s'en suivit une enquête en la même année (1682) et tous les moyens de conciliation employés par les administrateurs des revenus de l'église de Prémont, ne purent décider MM. du chapitre à remplir leurs obligations en contribuant pour leur quote part à faire ces réparations. M. l'évêque de Noyon se rendit à

Prémont, le 29 mai 1687, pour constater l'état de délabrement dans lequel se trouvait le chœur de l'église. Après avoir pris connaissance des choses par lui-même, il ordonna de faire arrêt sur la grosse dîme que recueillaient MM. du chapitre de Saint-Quentin. Ces mesures eurent pour résultat de faire décider ces derniers à contribuer aux réparations précitées et selon la convention faite en l'année 1531 [1].

An 1692. *L'agriculture souffre des guerres sous Louis XIV.* — Louis XIV, ainsi que le mentionne l'histoire, eut à lutter contre toute l'Europe coalisée et les grandes guerres qu'il eut à soutenir coûtèrent bien cher à la France. Les campagnes étaient dépeuplées, l'agriculture négligée faute de bras pour cultiver les terres ; les champs étaient devenus stériles ; les cultivateurs finirent par ne plus pouvoir payer leurs fermages. M. de Prémont fit des concessions sur les arrérages qui lui étaient dus sur les arrentements, et les administrateurs des biens des pauvres firent modération d'un tiers sur les fermages restant dus par les laboureurs en retard de paiement. La classe ouvrière souffrait aussi considérablement de ces manques de récoltes. Aussi

1 Archives communales de Prémont.

la misère publique était-elle à son comble dans les campagnes.

An 1693. *Ordonnance du roi pour assister les pauvres.* — En 1693 parut une ordonnance portant règlement pour assister les pauvres. Un rôle contenant soixante-quatre chefs de familles fut dressé par le mayeur, les échevins et le curé de la paroisse, et chacun dut acquitter la taxe portée à son nom, de quinze en quinze jours et d'avance. Cette taxe était en blé ou en argent et les secours étaient distribués en pains [1].

Loi du Cambrésis concernant la tutelle. — Parmi les documents que possèdent nos archives communales concernant la jurisprudence de cette époque, il est curieux de citer un jugement rendu par la cour seigneuriale d'Elincourt, ayant Pierre Fontaine, greffier et notaire à Prémont, remplissant pour cette fois les fonctions de bailli, afin de faire voir jusqu'où allait la sévérité des lois en 1680. « Sur le refus qu'a faist ce jourd'hui Crepin de la » Barre, habitant de cette seigneurie, d'accepter la » tutelle avec Jacque d'Huille, des enfants mineurs

---

[1] Archives communales.

» de feu Nicolas d'Huille et Anne Lebout, si comme
» Arnould, Elisabeth et Marie-Anne d'Huille
» comme étant leurs plus proches parents et amis,
» pour entendre au partage que André d'Huille,
» leur frère, prétend faire avec eux, d'une certaine
» partie de jardin et herbage, à eux escheus de la
» succession de feue Catherine d'Huille, leur sœur,
» seants audit Elincourt, et à quoy n'ayant voulu
» entendre nonobstant les remontrances à lui
» faictes par cette court, après divers commande-
» ments à luy faicts, tant le jour d'hier que ce
» jourd'huy, au susdist que dessus sur peine de
» désobéissance.

« La cour a ordonné et ordonne audit Crepin
» de le Barre d'aller en prison tout promptement
» et d'y demeurer tant et si longtemps qu'il aura
» accepté ladite tutelle, le tout à ses frais et dé-
» pens. »

Si la justice était sévère à l'égard de ceux qui
manquaient de respect au seigneur du village ou au
curé, elle était aussi quelquefois bien indulgente.

Il était encore d'usage à cette époque, que le
jeune homme qui convoitait une fille en mariage
hors de son village, payât sa bienvenue ; les jeunes
gens d'Elincourt ayant insulté un jeune homme
qui ne s'était pas conformé à l'usage, il s'en suivit
des rixes et des disputes où il se tint des propos in-
jurieux contre le seigneur de Prémont, la justice

et les curés d'Elincourt et de Maretz. Ces jeunes gens comparurent devant la justice du lieu en demandant pardon à M. de Prémont, les curés et justice, des insolences qu'ils avaient commises envers eux, et grâce leur fut faite. Aujourd'hui, malgré la douceur de nos lois, ils n'en sortiraient pas à si bon compte.

An 1712. Lutte entre les armées coalisées et Louis XIV. — Le Cambrésis devenu province française, jouissait d'une heureuse tranquillité sous la domination française, quand nos revers y amenèrent l'invasion d'une armée nombreuse composée d'Anglais, d'Allemands, de Hollandais et de Portugais, coàlisés contre Louis XIV. Le prince Eugène, après s'être emparé de la plupart des places de la frontière vint mettre le siége devant Landrecies. Les ennemis avaient tous leurs magasins à Marchiennes, et leur camp retranché à Denain couvrait la communication entre ces magasins et l'armée campée sous les murs de Landrecies. Villars, par une tactique adroite, remporte la brillante victoire de Denain; ce fait d'armes change tout à coup la face de la guerre.

Le 14 juillet, une bande nombreuse de maraudeurs, partis du Câteau, composée de Hollandais et d'Anglais se jettent sur Maretz, les habitants se précipitent dans le cimetière avec leurs bestiaux espérant y être à l'abri de ce ramassis d'hommes féroces ; ils ne tardent pas d'être à la merci de ces forcenés qui commencent à les y massacrer. Désespérés ils abandonnent leurs bestiaux, montent dans le clocher pour y trouver un dernier asile. Là, trois cent trente-neuf personnes périssent tant par les flammes que par la chute de la flêche.

Prémont, plus heureux que Maretz n'eut à souffrir que de quelques maraudages commis par les troupes alliées, et d'un impôt de deux mille trois cent quarante et une livres, lequel servit même à dédommager les cultivateurs qui avaient transporté des bagages et fourni des fourrages à l'armée française lors de son passage à Prémont.

An 1738. Cour de justice seigneuriale. — Avant la révolution de 1789, chaque seigneur avait sa cour de justice, composée d'un procureur d'office, du bailli et d'*hommes de fief*, nommé par le seigneur. Le procureur d'office veillait à la sécurité des habitants de sa juridiction ; requérait les arrêts de police, la nomination de tuteur aux mineurs, etc., enfin tout ce qui ressort aujourd'hui aux fonctions de commissaire de police et de procureur impérial. Les membres de cette cour de justice devaient prêter serment de s'acquitter de leur devoir de magistrats; de garder et maintenir les droits du seigneur, des femmes veuves, des pupilles, orphelins, de l'Église et d'observer la discrétion.

Nous devons au procureur d'office, Constantin, le maintien de la largeur de nos rues et de nos chemins, l'obligation de l'élagage des haies et des arbres par les propriétaires des héritages longeant ces voies de communications. Au mois de mai 1738, les chemins et rues de Prémont étaient en bien mauvais état, le procureur d'office provoqua une ordonnance qui fut rendue par la cour de justice **de Prémont**, prescrivant d'ébrancher les haies et les arbres dont les branches avançaient trop au-dessus des chemins et rues de la commune; de couper les haies et les arbres à pieds qui empiétaient sur la voie publique, ce qui rendait toujours nos rues boueuses dans l'été même; la peine contre ceux qui ne se conformeraient pas à l'arrêté prescrit serait que la justice ferait ébrancher et couper ces arbres et ces haies aux frais et dépens des contrevenants.

An 1747. — Si nos rues ont conservé la largeur et l'alignement presque régulier que nous leur voyons aujourd'hui, nous pouvons croire que l'arrêté du 15 juillet 1747 y a beaucoup contribué. Les rues furent arpentées afin de reconnaître les anticipations commises par les riverains et il fut dressé procès-verbal contre les contrevenants.

Nous devons juger aussi par les arrêtés qui précèdent, qu'on ne s'arrêtait pas à ces seules bonnes mesures. Le procureur d'office remarqua que les puits et fontaines publiques étaient dépourvus de portes; qu'il pourrait en résulter de graves accidents, aussi fit-il observer à la justice du lieu les inconvénients de cet état de choses; la justice, sur les remontrances du bailli, rendit une ordonnance qui prescrivait aux contrevenants de fermer les puits et fontaines publiques par une porte, sous peine de trois livres quinze sols et de pareille amende contre les parents des enfants, ou de ceux qui briseraient ces portes.

Croyances locales. — A propos de fontaines publiques, nous parlerons ici de celle du Bois Mirand, cette ancienne rue que les mulquiniers du bon vieux temps ne parcouraient en se rendant à Saint-Quentin, pour vendre leurs toiles. qu'en tremblant; heureux quand ils avaient échappé aux sortiléges de quelques sorciers, qui pullulaient dans cette rue.

On accordait anciennement des propriétés bienfaisantes à l'eau de quelques fontaines, ou simples fosses où la ménagère allait puiser de l'eau pour les besoins du ménage. Les deux fontaines qui étaient en plus grande réputation dans cette rue, étaient le *Trou à Tonneau* et la *Flaque Dieu*. Les pratiques religieuses qu'on y observait, sembleraient faire croire qu'une chapelle au *Trou à Tonneau*, et un calvaire à la *Flaque Dieu* y auraient existé autrefois. Le magister ne passait pas devant ces lieux le lendemain d'une grande fête, sans y jeter de l'eau bénite ; et les enfants de chœur, les jeudi et vendredi de la semaine sainte, sans y chanter l'*O crux ave*.

An 1753. *Procès au sujet de la banalité du moulin*. — A cette époque, beaucoup de villages avaient à subir le droit de banalité du seul moulin qui existait dans leur commune ; Prémont avait alors deux mille habitants, et son moulin ne pouvait plus suffire pour moudre le grain nécessaire à une population aussi nombreuse ; encore le meunier ne rendait-il qu'une farine mal faite, et le chef de famille était-il obligé, quand il ne possédait pas de chevaux, de porter sur son dos sa sacoche de blé au moulin alors que les meuniers de Maretz et d'Avelu s'offraient de prendre le blé chez les particuliers, et de le leur ramener en farine mieux faite qu'au moulin de Prémont. Les habitants d'Elincourt plaidaient depuis plusieurs

années contre leur seigneur afin d'obtenir l'extinc-
tion de ce droit arbitraire. Un sieur Crinon de Prémont et un autre sieur Demazière d'Avelu meunier, prenant exemple sur les habitants d'Elincourt,
présentèrent une requête à M. le grand bailli du palais
archiépiscopal de Cambrai [1], afin de contester le droit
de banalité dont jouissait M. de Prémont. Leur requête
fut renvoyée à MM. les mayeur et échevins de Prémont, qui décidèrent qu'ils ne pouvaient se prononc-
cer sur ce droit de banalité ; qu'ils ne connaissaient
pas les droits du seigneur, ni ceux de la communauté. Ils ne voulurent donc pas plaider à ce sujet,
en disant qu'ils laissaient libres les demandeurs de
plaider la cause à leurs frais et dépens, s'ils se
croyaient fondés. Ce procès fut plaidé pardevant le
parlement de Flandre siégeant à Douai, et ne fut
pas plus heureux pour les habitants de Prémont que
celui soutenu par la commune d'Elincourt. Les habitants de Prémont furent déboutés de leur demande
en 1753.

An 1761. Droit d'afforage du seigneur. — L'ancien droit d'afforage existait encore en 1761 ; nous
voyons dans une convention consentie entre M. de
Prémont et Claude Duquesne, cabaretier, que les

7 Archives communales de Prémont, Mémoire sur le procès d'Elincourt, page 38.

deux pots de liquide dus par chaque fût afforé,
seraient payés en nature au jour de Noël.

An 1784. *Trouble au sujet du vicaire.* — Nous
arrivons à 1784. On commençait à se lasser du
régime féodal ; on voyait déjà poindre à l'horizon
l'orage révolutionnaire ; le peuple voulait connaître
et raisonner ses droits. Il supportait impatiemment
le fardeau des impôts toujours croissants et la domination cléricale. Le vicaire Gobeau, d'accord avec
son curé, exige un traitement de cent livres pour
dire ses offices les dimanches et fêtes de l'année, à
une heure qui puisse faciliter aux fidèles de la paroisse d'assister à l'office divin. De là des rumeurs,
des bruits, des désordres que la maréchaussée du
Câteau fut impuissante à réprimer. Il fut établi un
corps de garde près du presbytère, où cinquante
hommes montèrent la garde tour à tour jusqu'à ce
que la tranquillité fût rétablie.

An 1789. *Troubles avant-coureurs de la Révolution.* — Les mêmes désordres se renouvelèrent
en 1789, et en place de la maréchaussée du Câteau,
il fut envoyé quatre dragons de Cambrai pour

seconder la milice bourgeoise dans ses efforts à rétablir l'ordre dans Prémont [1].

La Révolution amenée par tant d'abus séculaires suivait son cours. La France venait d'être envahie par la coalition étrangère, Pichegru, général en chef des armées du Nord, entreprit la délivrance de Landrecies, assiégée par les armées ennemies; cette place capitula et fut ruinée par les Autrichiens qui s'emparèrent du Câteau.

Ils faisaient fréquemment faire des réquisitions de pailles, d'avoine, de fourrage et de bestiaux dans les environs du Câteau et poussaient quelquefois leurs courses jusqu'à Prémont. Ils eurent bientôt ruiné le pays de toutes ces denrées. L'ennemi voulant encore contraindre les habitants de Prémont à leur livrer ce qu'ils ne possédaient plus, on sonna le tocsin et la population armée de fourches et de fusils, tenta de repousser ces pillards. Un jour ils vinrent en plus grand nombre, enlevèrent le maire de la commune, Pierre Dumoutier, le conduisirent à Valenciennes où ils le firent mourir à coups de bâton. Pour éviter que de pareils faits se renouvelassent, on établit à Prémont un cantonnement de quatre cents hommes pris au camp de Bohéries, afin d'aider la population de Prémont à repousser l'aggression de l'ennemi s'il se représentait.

[1] Archives communales de Prémont.

Les Autrichiens venant souvent faire des reconnaissances jusqu'au terroir de Prémont, on dut augmenter le poste de Prémont. On construisit des redoutes au moulin de Pierre, à la Maladrerie et au bosquet de Vaux-le-Prêtre ; les rues furent coupées par des tranchées, et hérissées de chevaux de frise.

An 1794. Les Français sont contraints d'évacuer Prémont ; le village est réduit en cendres par les Autrichiens. — Le 17 avril 1794, le soleil se levait radieux et promettait une de ces belles journées d'avril, dont allait profiter notre cantonnement, grossi depuis quelques jours d'un escadron de chasseurs, de trois cents fantassins et d'une batterie d'artillerie ; une compagnie en cantonnement à Brancourt et d'autres corps de troupes se rendirent à Prémont pour y passer une revue générale annoncée à la pointe du jour par les tambours et les trompettes. Tous les corps étaient réunis au moulin Guillot, les tambours battaient aux champs, la musique jouait des airs patriotiques, quand un chasse-manée de Maretz, arrive, son cheval blanc d'écume, et demande à parler au général pour l'instruire de la marche des Autrichiens sur Prémont et Ligny où il se trouvait aussi un cantonnement. Sur-le-champ Bernadotte, commandant la 71me demi-brigade, informe le général Goguet qui avait son quartier-général à Bohain, de la marche de l'ennemi vers Prémont ; aussitôt il accourt pour soutenir la retraite des hommes cantonnés à Prémont, les soldats au lieu de passer la revue annoncée, sont sur-le-champ mis à leur poste et la cavalerie part au galop pour soutenir la retraite du cantonnement de Ligny.

Vers dix heures, l'ennemi couvrait la chaussée Brunehault, les trois redoutes qui étaient munies d'artillerie firent plusieurs décharges qui ne laissèrent pas que de faire essuyer des pertes sensibles à l'ennemi. Celui-ci met ses blessés à couvert dans le bosquet *Marie-Anne Blondelle* et se dirige au pas de charge vers Prémont. Les Français voyant qu'ils allaient être investis, et qu'ils ne pouvaient pas lutter contre l'ennemi, parce qu'ils ne sont pas en force, abandonnent les redoutes et battent en retraite vers Bohain. Les pièces d'artillerie de la redoute de la Maladrerie suivirent la rue du Calvaire et furent replacées en face de la porte du château, Ces pièces chargées à mitraille firent une décharge à bout portant et balayèrent cette rue d'une longueur de deux cents mètres où les Autrichiens marchaient par sections. Les artilleurs qui desservaient ces pièces y furent hachés, à l'exception d'un nommé Tirrionne et d'un capitaine, qui purent s'échapper par la cour du château. Bernadotte n'était éloigné de ces pièces d'artillerie, lors de leur décharge, que de cent mètres, et ne dut son salut qu'à la vitesse de son cheval [1].

Dans cette affaire d'avant-poste, l'ennemi eut quatre mille hommes hors de combat; il n'y eut que quelques soldats français de tués et blessés, une dizaine d'habitants malades ou infirmes furent massacrés par les Autrichiens rendus furieux par la perte qu'ils venaient d'essuyer.

Les Français battant en retraite furent repoussés jusqu'au delà du Noirieux, sans faire cependant de grandes pertes, là l'ennemi fit sa jonction avec une colonne qui avait pris la direction de Wassigny. Enfin les Français parviennent à se reformer sur l'Oise, reprennent l'avantage et contraignent à leur tour l'ennemi à battre en retraite.

Les Autrichiens outrés de fureur de la perte qu'ils avaient essuyée la veille dans la rue du Calvaire, à leur retour pillent et incendient Prémont, au point que sur 400 maisons dont se composait la commune il n'en resta pas vingt qui fussent épargnées par les flammes.

D'un autre côté, les soldats républicains ne voyant que des traîtres ou des royalistes dans les généraux qui les commandaient, quand ils ne restaient pas maîtres du champ de bataille, eurent des soupçons contre le général Goguet, qui les commandait et

1 Voir lettre de Bernadotte aux pièces justificatives n° 5.

l'assassinèrent à coups de poignard le soir de son arrivée au camp de Bohérie [1].

Les habitants de Prémont après avoir perdu tout ce qu'ils possédaient, leurs vivres, leurs bestiaux enlevés par l'ennemi, et vu leurs habitations réduites e ncendres ne purent ensemencer qu'une faible partie de leurs terres. Les ouvriers mulquiniers furent réduits à n'habiter que les caves et les souterrains du château jusqu'à ce que le plus petit nombre d'entre eux put relever leurs chaumières, tandis qne le plus grand quitta la commune pour se soustraire à la misère. Sur 2,100 habitants dont se composait la population de Prémont, avant la journée du 17 avril, on put à peine en compter 1,200 à la fin de l'année.

Le représentant du peuple, Roger-Ducos, envoyé dans les départements de l'Aisne et du Nord, pour l'exécution du décret des 14 et 15 vendémiaire an III, relatif à la distribution des deux millions destinés aux citoyens de ces départements qui avaient été pillés ou incendiés par l'ennemi, arrêta, étant à Maretz, que 110,000 livres seraient accordées aux habitants de Prémont sur le crédit de deux millions destiné au secours provisoire alloué par la convention nationale aux citoyens cités dans ce décret [2].

1 La tradition.

2 Archives communales de Prémont.

Les habitants de Prémont, comme beaucoup d'autres communes non moins malheureuses, ne reçurent de ces 110.000 livres que quelques assignats discrédités, et n'eurent pour se relever du fléau de la guerre qui les avait si cruellement frappés, que leur courage et leur industrie.

Disons-le, parce que telle est la vérité, les guerres continues du premier empire ne contribuèrent pas peu à arrrêter l'accroissement de la population de Prémont ; en revanche, le gouvernement pacifique de Louis XVIII vit la population de Prémont remonter sensiblement, et l'aisance renaître chez l'ouvrier tisseur qui regretta toujours, jusqu'à 1848, l'état de prospérité dont il avait joui sous la restauration.

Après la révolution de 1848 est survenu le second empire; depuis cette époque, la fabrication des tissus languissante à Prémont, sous le gouvernement de Juillet, a repris une activité qui a fait oublier les crises commerciales. Espérons que cette amélioration dans le sort des classes laborieuses se maintiendra ; et que Prémont recouvrera peu à peu l'importante population qu'il possédait dans le passé.

C'est le vœu que forme, en terminant, un de ses citoyens les plus dévoués.

LISTE

DES

SEIGNEURS DE PREMONT

—

Les noms des premiers seigneurs de Prémont sont restés inconnus jusqu'à :

912. — Watier, chatelain de Cambrai; il était aussi seigneur de Crèvecœur, Busigny, etc., etc.

950. — Hugues de Prémont, fils de Godefroi de Saint-Aubert.

1007. — Gossuin de Prémont, renonce sous l'épiscopat de l'évêque Herluin, aux biens qu'il avait usurpés sur le clergé.

1094. — Gilles de Prémont, prit part aux ligues qui eurent lieu au sujet du successeur de Gérard à l'évêché de Cambrai; il mit son château en état de défense pour lutter contre le peuple et le clergé, qui avaient chacun leur candidat.

1095. — Nicole de Prémont, il fut peu parlé de lui, il était oncle de Baudoin Buridan.

1110. — Adam de Prémont, sire de Chanteraine, fut conjoint à Alardine de Prémont.

1113. — Josse de Prémont, fut marié à Marie Watier de Thorate, ils eurent un fils qui fut grand bailli de Cambrai.

1206. — Mathieu, sire de Prémont, aliéna, en 1206, les deux tiers de la dîme de Prémont au chapitre de Saint-Quentin.

1209. — Josse de Prémont, chevalier, épousa Alix de Choiseul, il était le fils puîné de Nicole de Prémont.

1237. — Baudoin, sire de Wallincourt, Malincourt, Clary, Prémont, etc., etc., fit en 1237, une loi portant la peine du talion pour tous ses sujets ressortissant à sa juridiction; il eut pour femme Ida de Beaudour. Il obtint Prémont de son oncle le comte de Flandre qui le lui donna pour qu'il le soutînt de ses forces. Il eut avec la seigneurie de Perreumont celles de Wallincourt et Busigny [1].

1 Delewarde, tome III, page 117.

1315. — Adam de Prémont, pair du Cambrésis, eut une fille nommée Jeanne qui fut mariée à Thiébauld de Bussy.

1316. — Jeheans, sire de Wallincourt, Prémont, Elincourt, Selvigny, etc., etc., remit en vigueur la loi de Beaudoin, portant la peine du talion. La seigneurie de Prémont passa, par alliance, de la maison de Wallincourt dans celle de Coucy jusqu'à 1393.

1393. — Enguerrand de Coucy, comte de Soissons, fit don à son cousin Jean de Roye, du château de Prémont avec ses dépendances, tenus en arrière-fief du sire de Wallincourt.

1393. — Jean de Roye, sire de Prémont, épousa Jeanne, fille de Jeanne de Béthune. Il fut grand chambellan de France, l'un des trois ôtages pour le roi Jean, prisonnier en Angleterre. Il défendit courageusement, en 1383, avec le vicomte de Maux, son beau-frère, la ville d'Aire, contre les forces du roi d'Angleterre. Il fut un des trois notables chevaliers qui furent commis en 1392, pour être toujours auprès du roi Charles VI, pendant sa maladie.

1418. — Mathieu III, maréchal de France, était

fils de Jean de Roye et de Jeanne de Béthune, laquelle se remaria à Jean de Luxembourg.

Jean de Luxembourg, homme cruel, livra sa prisonnière Jeanne d'Arc, qu'il détenait prisonnière dans un donjon du château de Beaurevoir, aux Bourguignons, pour la somme de 10,000 livres.

Louis de Luxembourg joua un rôle très-important sous Louis XI, qui le fit décapiter sur la place de Grève à Paris, en 1475, parce que le caractère du connétable se rapprochait trop du sien !

Après Louis de Luxembourg dont les biens et les titres avaient été confisqués, son fils Jean embrasse le parti de Charles le Téméraire, qui fut tué à la bataille de Morat, en 1476.

1546. — Marie de Luxembourg, fille de Pierre de Luxembourg, frère du fameux connétable de Saint-Pol, décapité, rentra cependant dans les biens et les titres de son aïeul à l'occasion de son mariage avec François de Bourbon, comte de Vendôme. Elle jouit de Prémont jusqu'à sa mort qui arriva en 1546.

Charles de Bourbon recueillit la riche succession de Marie de Luxembourg. Après lui, ses biens devinrent la propriété d'Antoine de Bourbon, roi de Navarre, qui fut père de Henry IV.

La seigneurie de Prémont, en tombant dans le domaine royal, retournait à son centre, ses servitudes furent entièrement éteintes.

En 1606, contraint par les besoins de l'État, Henry IV vendit la seigneurie de Prémont à Jérôme Sart. Il n'habita pas Prémont et eut pour successeur :

1620. — Nicolas le Sart qui eut trois fils, Robert le Sart, seigneur d'Audencourt et chanoine du chapitre de la collégiale de Cambrai, Simon le Sart, écuyer, seigneur de Hardein, Essigny-le-Petit, Fervaques, etc., et Jean-Charles-François le Sart, qni succéda à son père vers 1660.

1660-1713. — Jean-Charles-François le Sart, était chevalier, seigneur de Prémont, Elincourt, Audencourt, Villers-Guslain, le Câtelet, baron de Nielle, chambellan de M. le duc d'Orléans, lieutenant pour le roi des provinces de Flandre et du Hainaut ; il fut inhumé dans les caveaux de l'église de Prémont, en 1713.

Il eut une famille nombreuse, entre autres : Antoinette-Jeanne-Caroline de Sart, Charles-Michel de Sart, qui commanda dans les armées françaises, Marguerite-Charlotte de Sart, Charles-François-Alexandre de Sart, qui fut seigneur du Câtelet, Anne-Marie de Sart, Jeanne-Françoise de Sart, qui fut mariée à M. de Dury, et Jean-François de Sart, qui succéda à son père dans la seigneurie de Prémont.

1713-1725. — Jean-François de Sart qui épousa Marie-Charlotte Branche; ils eurent d'enfants, Elisabeth-Marguerite-Mélanie de Sart, Charles-François de Sart, Marie-Alexandrine de Sart, Marie-Charlotte-Françoise de Sart, qui épousa messire Wan Coppel de la Nieppe, Jeanne-Charlotte de Sart et Marie-Anne-Antoinette-Gabrielle de Sart. Son corps fut inhumé dans les caveaux de l'église de Prémont, en 1725, il eut pour successeur :

1725. — Charles-François de Sart qui épousa Marie-Josèphe-Nicole Petit : lesquels eurent d'enfants, Marie-Josephe-Charlotte de Sart et Marie-Antoinette-Charlotte de Sart.

Vers 1789, la seigneurie de Prémont échut en partage à Louis-Charles-Ignace de Wan Coppel, député de la noblesse aux états de Cambrésis, en 1785.

Nous terminons cette notice par une chronologie des divers mayeurs de Prémont.

1531. — Jean Malesieu.

1553. — Damien De le Court.

1574-1578. — Jacque Sproch.

1578-1582. — Antoine Fontaine.

1583-1588. — Damien De le Court.

1588-1593. — Antoine Fontaine.

1593-1600. — Hubert Sproch.

1601-1604. — Jean Fontaine.

1604-1610. — Pierre Desteucq.

1610-1616. — Nicolas Villain.

1616-1620. — Hubert Lefebvre.

1620-1625. — Jean Derehu (ne savait signer).

1625-1627. — Jean Villain.

1629-   . — Claude Marchant.

1631-1646. — Jean Villain.

1646-1648. — Jean Aubert.

1648-1654. — Jean Collart.

1655-   . — Gille Poulain.

1660-   . — Jacob Villain.

1661-1664. — Pierre Debailleux.

1664-1694. — Nicolas Defontaine.

1694-1697. — Henry Delacourt.

1697-1700. — Jean Defontaine.

1700-1709. — Michel Desteucq.

1709-1721. — Jean Villain.

1721-1729. — Louis Mathieu.

1729-1741. — Charles Leducq.

1741-1747. — Claude Villain.

1747-1757. — Germain Villain.

1757-1776. — Jacque Dubois.

1776-1790. — Charles Dumoutier.

PIÈCES JUSTIFICATIVES

PIÈCES JUSTIFICATIVES

COPIE DU CONTRAT D'ACCORD

TOUCHANT LES RÉFECTIONS ET ENTRETIENS DU CHŒUR
DE L'ÉGLISE DE PRÉMONT, FAIT EN L'AN **1531**.

Archives communales de Prémont, première liasse.

A tous ceulx qui ces présentes lettres verront ou oiront Jean de Baillieul escuyer Bailly, de haute puissante et très redoutée dame, madame la duchesse douairière de Vendomois dame de Prémont en Cambresis; et en la présence de Bernard Scrurrier, Jean Masselot, l'aisné, Jean de Beaumont, Cornil Le Tellier, Severin Duquesne, Claude Cambrai, Pierre Fontaine, Germain Sproch, Jean Boulanger, Gilquain Desteucq, Pierre Duquesne, Jean Joube et Anthoine Lotte et plusieurs autres hommes de fiefs dudit lieu, et honnorables personnes Jean Malésieu, mayeur, Jean Masselot, Jean de Beaumont, Pierre Boulanger, Germain Masselot et Jean Vairy eschevins; salut sçavoir faisons que ce jour-d'hui dattes des présentes comparurent pardevant nous honnestes personnes Mayeu Serurrier, Michel Boulanger et Claude de Cambray, marguilliers de l'église dudit Prémont, Jean Cochoix, Jean Platelle, Jacque Wignon, Jean Masselot dit Hostinot, Jean Masselot dit Sansguettes, Damien de le Court, Pierre de Beaumont, Grégoire Gollet, Jean Leducq, et plusieurs autres des habitants dudit lieu représentant la communaulté et ladite ville et paroisse dudit Prémont. Recognurent que comme ainsi soit que procès soit apparant mouvoir eutre eulx et venerable et discrettes personnes Messieurs doyens et chanoines de l'église collégiale M. Saint-Quentin, en Vermandois pour raison que lesdists marguilliers et manans disaient qu'iceulx, seigneur de chapitre estoient tenus à refections et entretenement du chœur de ladiste église à cause qu'ils sont collateur et presentateur de la cure d'icelle église et ayant les grosses dismes. A quoy lesdits seigneurs doyens et chapitre donnèrent responses et solution, que combien qu'ils eussent droit de disme au terroir dudist Prémont; si n'estoit qu'en une partie dudist terroir, et que M. de Honnecourt et autres cueilloient et tenoient aussi grosses dismes audit terroir, lesquels debvaient à ce moyen estre contributoire aux réfections et entretenemens, et où lesdits doyens et chapitre seroient tenus et astraints, si n'estoient ce que au chœur naguerre desmoly en ladiste église par lesdists paroissiens ou à une telle ou de semblable hauteur qu'il estoit.

Sur quoy lesdits comparants après avoir eu conseil et deliberation de plusieurs notables conseillers, et par l'avis dudist bailly et les hommes de fiefs, mayeur et eschevins dessus dist, même pour éviter frais et procès, et voulant le profit de ladist eglise et demeurer en paix avec lesdist seigneurs, ont traisté et appointé tant d'un commun accord que pour toutes refections que iceux seigneur du chapitre ont baillé leur grosse disme à ferme à ladiste église de Premont le terme de sixans pour douze muids de blé, mesure de Vermandois tous les ans et douze d'Artois, ledist terme de six ans durant; dorésavant lesdists seigneurs seront tenus à tousiour entretenir seulement pour toutes reparations quelconque qui sont à faire en ladiste eglise de Premont, le culas dudist chœur qui se faist de presentement en ladite eglise, fait et parfait par lesdists paroissiens contenant en trois espaces de verrieres et quatre arboutans et ce de toutes réfections matières et reparations quelconque depuis le fondement jusqu'à la sommité d'icelui, à sçavoir de massonnerie, de verrières de comble et couverture toutes lesquelles choses en ces presentes contenues et escrites. Lesdist comparants ont promis tenir et entretenir et avoir pour agréable ferme et stable et à tousiour envers lesdists seigneurs doyen et chapitre et leurs successeurs en tesmoings de ce, nous bailly avons mis noz seels le 19 aperil 1531. Si prions aux hommes de fiefs et eschevins cy dessus nommés vouloir mettre les leurs avec les notres, et nous Jean Molesieu mayeur et hommes de fiefs Jean de Beau-mont homme de fiefs et eschevin, Germain Sproch et Jean Goubé aussi homme de fiefs qui à toutes les choses susdites avons été presents dont à la requête dudist bailly avons à ces présentes appendu nos seels le jour et an susdists et plus bas seau du bailly seau du messire seau de Jean de Beaumont seau de Pierre Boulanger seau de Jean Goubé.

COPIE DE LA LETTRE DE L'HOSTEL-DIEU DE PRÉMONT

ACHEPTÉ PAR PIERRE THEILLIER ET SIMONNE BOULANGER, SA FEMME, DE NICOLAS PONTAINE, ESCUYER EN LA CUISINE DU ROY DE NAVARRE, ENSUITE DU DON A LUI FAIT, ET CE EN L'AN 1573.

Archives communales de Prémont, deuxième liasse.

Sachent tous présens et advenir, que pardevant noble homme Jehean de Recourt, bailly en l'absence de M. de Joncquière, des villes terres et seigneuries de Perreumont et aultres, appartenans au roi de Navarre en Cambresis et en la présence de Damiens De le Court ad ce jour mayeur suffisament estably de et en toute ladiste ville, terre et seigneurie dudist Perreumont, assisté de Pierre de Bray, Jacque Sproch, Pierre Mosselot, Jehan-Hubert Sproch, Jehan Dugardin, Jehan Legrand, Nicolas Masselot et aultres hommes de fiefs et eschevins dudist Perreumont. Comparurent personnellement honnorable homme Nicolas Pontaine escuyer de cuisine dudist roi de Navarre, demeurant au Chastellet qui est au parcq en la ville de Lafère sur Oize, au nom et comme gubernateur et administrateur des biens et revenus de l'hostel Dieu dudist Perreumont, d'une part, et Pierre Thellier avec Simonne Boulanger sa femme conjoins demeurans audist Perreumont, d'aultres part. — Lesquels et chacun d'eux de leurs bons grès pures francs et libérales volonté, sans induction ni constrainte nulle, disrent recognurent et confessèrent. A sçavoir ledist Nicolas Pontaine pour son proufist, faire si comme il disait, parmy et moyennant le prix et somme de six vingtz dix livres tels que de vingt sols monnoye de roi pour la livre que ledist Pierre consigne au jour et fête de Penthecoste, es main dudist moyeur, comme de faire estoit tenu et obligé en la main de Pierre Masselot, notaire apostolique au pareil que ledist Pontaine estoit tenu et obligé luy livrer le vendaige que s'ensuit audist jour sur dix escus sols de pains, moyennant ladiste somme de six vingtz dix livres, que ledit Pierre delivra en prompte et clairs deniers comptant et bien nombre, avec quatre vingt ou environ de depens de plusieurs frais encourus à la poursuite dudist marchet, pour lesquels deniers ledit Pontaine luy avoit et a vendu, cédé, quitté, delaissé et apporté comme par ces presentes, vend, cède, quiste et transporte audist Pierre Thellier et à ladiste Simonne Boulanger, sa femme, comparant en personne et acceptans ledist vendaige, que pareillement recognurent avoir achepté et acquis pour eux leurs hoirs, successeurs et ayants causes, ou le porteur

de ces lettses en leurs noms, la jouissance de certains
viaige que ledist Pontaine avoit de don a luy faist et
octroyé par feu de notable memoire la Royne de Navarre sur l'hostel Dieu dudist Perreumont, avec les
biens craissons et les revenus temporels y appartenant,
en quoy lesdits biens et revenus se puissent consister
et estendre et où qu'ils soient scitués et assis et sous
tel droit et puissance que ledist Pontaine avait aupa-
ravant ce present transport dudist hostel Dieu qui
voulait tenir et occuper de luy Vinceant, avec telle
action que ledist Pontaine avait encore ledist Vinceant
Leducq de le pouvoir prendre et faire sortir dudist
hospital à faulte de paiement et de non avoir accom-
ply les charges deduites et conditions declarées au
contenu de sondist bail ung mois après ledist jour de
payement expiré rendant l'effest dudit bail en nullité
pour faire son profit dudit hostel Dieu et revenus d'y
celui, comme n'ayant ledist bail estoit fait, passé, ni
accordé, si comme l'avoit accordé ledist Vinceant
preneur à titre de cense, sans ledist Pontaine estre n'y
avoir esté subiest et tenu en faire faire aulcune som-
mation audist Vinceant par justice n'aultrement et
sans laquelle cause n'eust ledist bailleur à cause faist
ledist bail mentionné audist Vinceant preneur prece-
dant, en outre desquelles clauses et conditions preva-
tives ledist Pontaine après deux ou trois ans expirés

ledis payement non satisfaist on auroit faist ledist vendaige audist Pierre et sadiste femme, à la charge de payer les cens, rentes et redevances fonssières et ancienne si aulcune la maison dudist hostel Dieu, pretz, terres et héritage y appartenant, en doilvent par chacun an, tant seulement tenus d'avantage lesdits Pierre et sa femme achepteur, tenir retenir et entretenir les manoirs d'ediffice et batiments qui son ou seront désignés sur ledist lieu; signament le lieu quy est ordonné à recevoir et coucher les pauvres et l'accommoder de lists, couchettes, et aultres ustensiles comme l'on a accoustumé par cy devant pour la commodité et usance desdists pauvres, à la charge aussy de faire dire et célébrer à leurs depens le saint service divin, qui est de trois messes basses par sepmaine par cy devant fondées par les prédécesseurs dudist sire Roy, et fournir à toutes aultres charges, en quoy ledist hostel Dieu est tenu; moyennant lesquelles choses ledist Pontaine estant furny de ses deniers et pris dudist vendaige à quicté et quicte tous les droits et actions qu'ils avoient audist hostel Dieu au profist dudist Pierre et sadiste femme y renonceant à tousiours, les y subrogeant du tout en son nom, causes droist et lieu pour lequel vendaige conduire et demourer hon et vaillabe estre tenu fidelement et stable, et sortir sou plein effest perpetuellement et a tousiour , ledist

Pontaine en a faist tous debosoirs et dessesime deument
et à loy au profist dudist Pierre Thellier et sa femme
sy leur promesse en soient léallement, ledist vendeur
conduire et garandire paisiblement ce present vendaige
et jouissance de son viaige de don à luy faist par ladiste
feu Royne des revenus dudit hostel-Dieu, même de ce
faire obliger sur peine de dix escus sol, tenir et entretenir ledist vendaige en son enthier et pareille
paine que ledist Pierre s'est subvnir l'avoir pour agréable fidelement et stable à tousiour en la présence des
bailly moyeurs et eschevins susdists.

Incontinent ce faist en fût ledist Pierre et ladiste
Simonne Boulanger, sa femme par la main dudist
mayeur, comme par avant du seigneur et de justice
en presence lesdist eschevins, recordant bien suffis-
sament et à loy plain dudist vostus, et mis en bonne
possession et s'en suit pour par eux leurs hoirs, successeur, oyant cause en joyr, user et posseder durant
le viaige dudist Pontaine et en telle forme que le don
lui avoit faist par ladiste feue Royne de Navarre, s'y
furent en toutes les choses susdistes, toutes yssues et
en terre payées, meme tout conjurement et jugement
requis à faire pour viaige et coustume de ladiste ville
deument observez et gardez et sauf tous droix, a tout
ce faire dessus est dist.

Furent présens à scavoir et comme bailly cy-dessus

nommé Jehan de Recourt, pour mayeur ledist Damien De-le-court et pour eschevins créez — ce fut ainsi faist etpassé audist Perreumont, le vingt cinquième jour du mois d'aperil mil cinq cent soixte et treize.

Je en ce dist jour en vertu dudit vendaige et debuoire faistz, ledist sieur Bailly a introduit ledist Pierre audist hostel-Dieu, le ensinuant en vray et actuelle possession, faisant commandement audist Vinceant lui ceder ledist lieu pour en joyr prestement en tous profist et esmoulumens consques tant des ablais et mises super au jour dudit vendaige que aultres revenus eschvons aujourd'huy du dist an lxxiij en rendant feur et semence au laboureur :

Il est ainsi à la lettre originelle estant en parchemin cosme le notaire et greffier de Premont soussigné,

Le xvij de juin en 1686.

Signé P. FONTAINE.

LETTRE DU ROI DE NAVARRE

CONCERNANT L'HOPITAL DE PREMONT.

Archives communales de Prémont, deuxième liasse.

Henry par la grâce de Dieu roi de Navarre seigneur souverain de Béarn et du Dannezan, comté de Foix, d'Armagnac, de Roddar, etc., etc., seigneur de Premont en Cambresis.

A tous ceulx qui ces présentes verront salut, comme nous avons droit de pourvoir à l'hospital et maladrie de notre lieu, terre et seigneurie de Prémont, en Cambresis lorsque vacation y echet, soit par mort resignation ou aultrement, etant adverty qu'aultrefois Legrand que nous aurions cy devant pourveu du saint hospital et maladrye est naguerre décédé au moyen de quoi est requis et nécessaire d'an pourvoir presente fois suffisant et capable. Scavoir faisons que pour la parfaite et entière confiance que nous avons de la personne de notre cher et bien aymé Gallois Legrand l'ung de noz faulconniers et de ses services suffisans, loyauté, grand homme, expérience et bonne diligence. A y celuy pour ces causes et aultres bonnes et justes

considérations à ce nous avons donné et octroyé donnons et octroyons par ces présentes la charge et administration du saint hospital et maladerie pour en joyr
user ensemble des fruits, proffils, revenus et emollumens qui en dépendent, y ceulx regir gouverner et
administrer comme bon et loyal administrateur est
tenu faire, nourrir, entretenir et alimenter les pauvres
malades, etant ou qui pourront estre cy après en
ladiste maladerie. *Si donnons en mandement* à notre
amé et feal conseillier le bailly dudit Premont, que
du susdit Legrand, prins et receu le serment en tel
cas requis et acoustumé, iceluy mettre et institué en
face mettre et instituer de par nous en possession et
saisime de ladite maladerie et hospital le faisant et
laissant jouyr et user paisiblement des franchises,
proffitz, revenus et emollumens qui en dependent aux
charges suffisantes, sans luy faire mettre ou donner,
ny permettre qu'il luy soit faist nuis ou denné aucun
trouble, detourné ou empechement au contraire.
Donné à Nerac le vingt sisieme jour d'Apuril an mil
cinq cent quatre vingt trois.

Signé HENRY,

COPIE DE LA DONNATION

FAITE PAR M. SART, DE L'HOSTEL-DIEU DE PRÉMONT,
AUX PAUVRES DUDIT LIEU.

Archives communales de Prémont, deuxième liasse.

Jerosme Sart seigneur des villes de Prémont, Serain, Elincourt, Bertrix, Trois villes, Audencourt en Cambresis des appendances et appartenances d'ycelle, etc.

A tous ceulx qui ces présentes lettres verront, salut, comme de tout temps et d'entière composition il appartien de plains droitz à la seigneurie de Prémont a présent à nous appartenant la collation et totale disposition de l'hospital et hostel Dieu dudit lieu toute et quand fois que vacance y eschiet, soit par mort, fourfaicture, resignation ou aultrement, comme voulait par ci-devant disposer en matière de France et soit ainsy ledist hostel-Dieu et hospital, soit a présent entre noz mains en résignation qu'il a faist recevoir de séant bailly et recevoir aux pauvres dudist Prémont souz notre volonté et consentement. A quoy desirant gratifier ces distz pauvres par cause pieuse et des graces specialement, nous vou'ons qu'iceulx joissent dudist hostel-Dieu et hospital a tousiours comme cy-dessus avoir promis par notre apostille sur la résignation à nous presente à Messieurs de la justice de Prémont en datte du huitième jours de septembre mil six cent et six. Pour en joir et avoir l'administration pour les pauvres des biens fruits et revenus annuellement qu'y appartient ensembles des terres de marchet despendant dudist hospital comme vouloit joir les derniers possesseurs, a la charge d'entretenir les services divin ordinaire et accoutumé, entretenir le lieu en bon et suffisant estat pour les passants y être reçu, de rendre bon et féal compte reçu par les procureurs et administrateurs desdits pauvres qu'ainsi sera pour en establir par la justice. Neantmoins mandons que lesdits pauvres en leurs procureurs en fasse mestre en bonne possession corporelle et actuelle desdits droits des fruits et revenus y appartenant et à luy et et entendre et rendre compte ainsi qu'il appartien, car tel est mon plaisir et tesmoingnage. A quoy nous avons ces distes présentes lettres signés mis et appendu notre propre séel armories de nos armes qu'il fut faist et donné en nostre hostel à Cambrai ce huitieme jour du mois de septembre mil six cent et six.

Signé Jerosme SART.

LETTRE DE BERNADOTTE

A M. BLUTTE, MAIRE DE PRÉMONT.

ÉGALITÉ.   LIBERTÉ.

A Monsieur Blutte, maire à Prémont.

Je t'ai déjà écrit, citoyen, pour te prier de me donner avis si les particuliers qui avaient logés (*sic*) les officiers du ci devant bataillon du 36me régiment, avaient quelque chose à réclamer d'eux. Il y a apparence que ma lettre ne t'a pas été remise puisque tu ne m'a (*sic*) pas répondu ; tu me feras plaisir au reçu de la présente de faire demander si les officiers ont laissé des dettes, tu voudras aussi m'instruire du nom des officiers qui l'auraient faites (*sic*) ; enfin, si les particuliers n'ont rien à leur réclamer, tu m'enverras le plus tôt possible un certificat de la municipalité qui constatera que les particuliers n'ont rien à réclamer aux officiers qui ont logés (*sic*) chez eux. Je te préviens aussi de prévenir la commune d'Elincourt et de Maretz qu'ils aient à relever les voitures stationnaires qu'ils ont icy, il n'est pas juste que ce soit toujours les mêmes qui fassent la même corvée.

Je prends beaucoup de part aux pertes que tu as éprouvées, je ne te console pas parce que la nation viendra à ton secours et que tu es un bon républicain.

Salut et fraternité.

Le chef de la 71me demi-brigade.

Signé J. BERNADOTTE,

Camp de Bohéry, le 23 floréal, an II.

STATISTIQUE DE PRÉMONT

PRÉMONT, PERREUMONT (PETROSUS MONS)

Prémont est un beau village agréablement situé sur un plateau élevé, dominant toutes les collines qui l'entourent; son territoire dont il occupe à peu près le centre, présente une étendue de 3,600 mètres du nord au sud et de 3,100 mètres de l'est à l'ouest; il est borné au nord par Maretz et Berquigny, à l'est par Bohain, au sud par Brancourt et à l'ouest par Beaurevoir.

Il faisait partie autrefois des états du Cambrésis dont il était une des douze pairies ; il était de l'intendance de Valenciennes de la seule délégation de Cambrai et du diocèse de Noyon.

ASPECT ET QUALITÉ DU SOL.

Son sol présente un aspect peu varié, les vallées sont généralement unies aux plateaux élevés par des pentes douces.

Les vallées se rattachent au bassin de l'Escaut et vont y verser leurs eaux au moyen du canal des Torrents. Ce large fossé fut construit vers 1744 pour servir à l'écoulement des eaux pluviales.

CONSTITUTION GÉOLOGIQUE.

Le calcaire crayeux se montre peu à la superficie du sol sur le terroir de Prémont. La couche de limon argileux diluvien, qui couvre le calcaire crayeux est d'une épaisseur qui varie de deux à huit mètres; quelques plateaux sont sablonneux.

RÈGNE MINÉRAL.

Le territoire est peu riche en matières minérales. On rencontre seulement sur le revers des plateaux sablonneux, des blocs de grès isolés. Les carrières de pierre calcaire qu'on y exploite ne servent qu'à l'amendement des terres. La carrière du bois de Fervaque a fourni autrefois les pierres nécessaires à la construction des bas côtés de l'église. Elle fut rouverte, vers 1845, mais les pierres qu'on en a extraites n'ont guère servi qu'à la construction des chemins vicinaux.

CHARBON DE TERRE.

En 1774, M. de Sart, seigneur de Prémont, fit ou-
vrir une fosse espérant y découvrir de la houille, la
pierre à ardoise ou le minerai de plomb. Cette fosse
percée à une grande profondeur n'amena aucun
résultat, malgré une dépense de 100,000 francs que
coûtèrent ces travaux. De nouveaux essais furent faits
en 1804 et en 1836, sans plus de succès; cette dernière
fois, le foret descendit jusqu'à 200 mètres. Il est dou-
teux qu'on reprenne un jour ces travaux abandonnés;
la situation de Prémont sur la partie presque la plus
culminante de la chaîne de collines qui forment les
bassins de la Sambre, de l'Escaut, de l'Oise et de la
Somme, son éloignement de 5 myriamètres de la
veine la plus rapprochée de notre département, laisse
peu d'espoir qu'on puisse y exploiter ce précieux
combustible, si ce n'est à de très-grandes profondeurs.

ROUTES.

La route départementale n° 25, de Guise à Cambrai,
traverse la commune de Prémont. Elle fut tracée en
1789, et terminée en 1849. Elle est pavée sur toute sa

longueur de Bohain à Prémont, de grès extraits sur le territoire de ce dernier pays.

L'ancienne voie romaine de Bavay à Lyon longe son terroir au nord, qu'elle sépare de ceux de Maretz, Serain et Beaurevoir. Elle est construite en silex sur toute sa longueur dans le département de l'Aisne et est parfaitement entretenue.

Il existait encore sur le terroir de Prémont une ancienne voie romaine qui passait à Archie, traversait le bois de Prémont et venait aboutir à cette voie militaire de Bavay à Lyon, près du chemin de Beaurevoir. Son tracé est encore indiqué dans le bois de Prémont et de M. Longuet sur la route départementale nº 25. Cette route a dû servir au transport des moellons et de la chaux qui ont servi à construire cette grande voie qui longe le terroir. On remarque sur son parcours dans le bois de Prémont, un assez grand nombre de carrières d'où l'on a extrait la pierre calcaire, et près d'elles le four qui servait à cuire la chaux.

On trouve près de quelques-unes de ces carrières des débris de larges tuiles d'origine romaine.

CHEMINS VICINAUX.

Il n'y a sur le terroir de Prémont que deux chemins vicinaux dont l'un classé sous le nº 1er, part de la rue

de Bohain et va aboutir à Brancourt, Fresnoy-le-Grand
et Fonsommes ; et le second partant de la route
départementale n° 25, avec embranchement au nord
de Prémont allant à Maretz et classé sous le n° 2. Ces
voies vicinales construites en cailloutis sont assez bien
entretenues.

ÉGLISE.

L'église placée sous le vocable de saint Germain a
été construite en plusieurs fois; la tour de forme rec-
tangulaire offre des proportions assez régulières; elle
est en pierres de taille, ainsi que tout le corps de
l'église, à l'exception du portail qui est en grès ; elle est
ornée sur sa façade de deux pannonceaux raccordés,
dont l'un aux armes des comtes de Flandre et l'autre
aux armes de Louis de Luxembourg; ce qui laisserait
à supposer que la construction de la tour de l'église
remonterait au XIII⁰ siècle, sous Baudoin III, comte de
Flandre, qui possédait Prémont à cette époque ; le
pannonceau aux armes de Louis de Luxembourg
indiquerait que la tour aurait été réparée par lui. La
partie la plus élevée à huit mètres au-dessous du
dôme, a été construite en 1739, l'écusson qui y est
scupté aux armes de la famille de De Sart est encore
très-bien conservé. Cette tour était surmontée d'un

dôme avec flèche ; aujourd'hui la flèche n'existe plus, elle a été renversée par l'ouragan du 17 juillet 1865.

Les bas côtés ont été construits ainsi que la nef en 1773. Cette construction a été exécutée au moyen des revenus de l'église qui possédait alors 50 hectares de terres labourables, quelques prés et un grand nombre d'arrentements sur le terroir; de corvées et d'un don de 4,000 livres fait par l'abbaye de Vermand.

Le chœur fut reconstruit en 1531, c'est à partir de cette époque que le chapitre de Saint-Quentin s'obligea, comme percevant la grosse dîme sur Prémont, à l'entretien du chœur. L'incendie de l'église, en 1581, endommagea encore le chœur, aussi en 1613, il fallut refectionner l'entablement et reconstruire la charpente.

Il existe sous le chœur des cryptes, qui servaient jedis à inhumer les seigneurs du lieu. Ces cryptes ont été ouvertes la dernière fois le 22 frimaire an xii pour recevoir les restes de notre dernière chatelaine, Marie-Charlotte-Josephe-Nicole Petit, veuve de Charles-François De Sart, aussi le dernier seigneur de Prémont.

Avant 1789 les revenus de l'église variaient beaucoup.

En 1589 ses revenus étaient de 192 livres.

En 1630 — 37 florins 2 potars et 66 mancauds de blé.

En 1626 — 571 florins 15 potars.

En 1732 -- 589 florins 3 potars.

Un obit fondé en l'honneur de Notre-Dame des Cinq plaies, donnait un revenu qui variait en raison de la quantité de terres empouillées en blé par les fermiers; les revenus de cet obit, en 1624, étaient de 10 mancauds de blé, 55 florins et 5 pintes et demie d'huile, qui servaient à entretenir la lampe devant l'image ou statue de Notre-Dame des Cinq Plaies.

Un autre obit fondé par le possesseur des terres du fief du Petit-Walincourt rapportait annuellement 3 mancauds de blé tant pour le clerc que pour le curé et 3 mancauds pour l'église.

Les prédications dans la semaine sainte étaient faites en 1775, par le frère Bertrand, recollet du Câteau qui recevait pour salaire : 3 livres pour avoir prêché la passion et la résurrection.

La sonnerie était anciennement plus compliquée qu'aujourd'hui, en 1630, il fut fondu trois cloches par Brossard Lorrain de Roisel, elles furent refondues en 1714, par Charles Golier, aussi de Roisel, moyennant deux cents livres en lui livrant la mitraille.

La seigneurie spirituelle de Prémont appartenait au chapitre de Saint-Quentin qui y percevait la grosse dîme, louée pour 200 livres à M. de Prémont. C'était le doyen du chapitre qui nommait à la cure.

ANCIENNES FAMILLES DE PRÉMONT.

Les principales familles de Prémont étaient au XVIe siècle :

Masselot, Beaumont, Serrurier, Le Thellier, Fontaine, Boulanger, Duquesne, Sproch, Desteucq, Goubé, Malesieu, Crignon, Damien De le Court, Dewez, Galleret, Leducq, Regnard, Pezin, Mignot, Romette, Vatin, Cocheux, Sévérin, Decarsin, Graux, Villain, Crinon, De la Rue, Joubbe, Quennesson, Legrand, Bourgeois, Millot, De le Horde, Boursier.

POPULATION DE PRÉMONT A DIFFÉRENTES ÉPOQUES.

La population de Prémont a subi de grandes variations de 1613 à 1866, ainsi que l'indique le tableau ci plus bas :

1613, population présumée d'après un rôle de 233 familes pour contributions.	1350
1794, 17 avril.	2100
1800	1271
1810	1320
1821	1591
1829	1538
1836	1704
1848	1708
1858	1720
1866	1888

INSTRUCTION PUBLIQUE.

Prémont possède une école de garçons et une de filles ; jusqu'ici on accordait à l'instituteur et à l'institutrice une indemnité de logement au moyen de laquelle ils se procuraient des locaux plus ou moins convenables. Le Conseil municipal reconnaissant l'urgence de maisons d'école appartenant à la commune, vient de voter, en 1865, une imposition extraordinaire pour subvenir à la construction de deux classes, dans l'espoir que sous peu il pourra émettre un nouveau vote pour la construction des locaux qui doivent servir de logement à l'instituteur et à l'institutrice.

Le nombre des enfants qui fréquentent les écoles, laisse beaucoup à désirer : ainsi, sur 120 garçons de sept ans jusqu'à douze ans, 75 seulement la fréquentent et encore pas très-régulièrement, et sur 115 filles du même âge, 65 y vont et encore irrégulièrement.

Il serait à désirer qu'on augmentât le traitement de l'instituteur et de l'institutrice et qu'on pût envoyer gratuitement à l'école tous les enfants dont les parents sont peu aisés.

Les causes principales pour lesquelles les écoles ne sont pas plus fréquentées, c'est qu'un certain nombre d'enfants de parents pauvres, sont employés aux travaux des champs ou de la ferme et le plus grand nombre au tissage, à tramer ou à dévider. Il est heureux de constater que ce sont plutôt ces seules causes qui éloignent les enfants de l'école que l'indifférence.

INDUSTRIE.

Le commerce de mulquinerie existait déjà à Prémont en 1573; on remarque dans les transactions aux actes déposés au ferme les Pezin, les Bourgeois, les Duquesne, les Crignon, les Golleref, etc., etc., qui se livraient déjà à cette industrie et qui allaient vendre leurs tissus à Cambrai et particulièrement à Saint-Quentin. En 1794 il y avait 150 métiers qui fabriquaient la batiste, la gaze et le linon. Les tisseurs changèrent d'industrie vers 1815, et se mirent à tisser le coton. Les tisseurs de Prémont étaient reconnus pour très-habiles dans le tissage du calicot et des jaconas. Vers cette même époque, M. Durieux de Fresnoy-le-Grand, vint à Prémont monter une maison de fabrication pour les châles brochés, laine et soie, cinquante métiers étaient occupés à ce genre de fabrication qui dura près de quinze ans et qui fut presque totalement abandonné lors de l'apparition de la mécanique Jacquard.

Aujourd'hui les tisseurs de Prémont sont recherchés particulièrement par les fabricants de Bohain comme très-adroits pour le tissage de la haute nouveauté. Les tissus qui occupent le plus les ouvriers de Prémont, sont les reps, les orléans, les mérinos, les popelines, les valencias, les brillantines, les cachemires d'Ecosse, les mousseline laine, les barèges, les florentines, les satins laine et soie, les châles nouveautés, le canevas, les grenadines, etc., etc.

AGRICULTURE.

Les terres du territoire de Prémont étant argileuses ou sablonneuses sont d'un labour assez facile, excepté celles sur les collines en regard du canal des Torrents, qui sont très-pierreuses. L'agriculture a toujours suivi la voie progressive. Si l'on emploie peu d'engrais artificiels pour l'amendement des terres, toutes les pailles retournent en fumier à la terre. En 1610 on faisait déjà usage de la marne comme engrais; différents baux des terres d'église et des pauvres, louées par bail de dix-huit ans, obligeaient le preneur à bien marner et fumer ces terres. Nos agriculteurs cultivent toutes les céréales cultivées dans le département du Nord, les plantes oléagineuses et un peu de lin. Depuis 10 ans on y cultive la betterave quoiqu'on soit éloigné de 5 kilomètres des sucreries ou distilleries. Nos cultivateurs voient avec plaisir le prochain fonctionnement de la sucrerie en cours de construction sur le terroir de Prémont.

Outre les prairies artificielles où croissent les trèfles, la luzerne et le sainfoin, on cultive aussi diverses sortes de fourrages, tels que la féverolle, la lentille, la vesce et le jaras. Le foin n'est guère cultivé que dans les clos proches des habitations.

Le houblon a été bien cultivé depuis vingt-cinq ans, mais aujourd'hui la difficulté de se procurer des perches, par suite du défrichement de nos bois, a fait ralentir la progression de cette culture.

On cultive peu les arbres à fruits, qui sont d'ailleurs peu répandus sur le terroir. On n'y voit que quelques pommiers dans les clos attenants aux habitations ; on fait un peu de cidre, dans les années d'abondance, avec les fruits de ces arbres.

Le sol forestier du territoire de Prémont se réduit chaque jour par suite du défrichement de nos bois, qui ne présentent plus que 110 hectares, appartenant à M. Wan Cappel de Prémont.

La valeur de la propriété a bien varié depuis 1573. Une maison est vendue cette année 50 florins.

La mancaudée de terre valait, valeur moyenne, 60 florins.

Il a été vendu, en 1574, deux mancaudées en prés, pour 18 florins 12 potars. Aujourd'hui le prix moyen d'un hectare de terre labourable est de 4,000 francs.

MESURES LOCALES.

La mancaudée de 100 verges, divisée en quatre boisselées, contient 35 ares 46 centiares 67 centiares.

Le mancaud, mesure de capacité pour les grains contient 4 boisseaux, le boisseau est la sixième partie de l'hectolitre, la razière, de deux boisseaux.

Le cadastre de Prémont fut terminé en 1825. La contenance du territoire est de 1,220 hectares 99 ares 40 centiares, divisé ainsi qu'il suit à l'époque de la confection du cadastre.

Terres labourables,	873 h.	86 a.	20 c.
Bois,	244	29	10
Houblonnière,	3	49	60
Oseraies, peupleraies,	1	05	60
Jardins,	23	61	10
Vergers,	22	76	70
Savarts et carrières,	4	05	»»
Abreuvoir,	25	»»	» «

Sols des propriétés bâties,   3 h. 23 a. 40 c.

Rues, église et autres pro-
priétés non imposables,   38   81   90

Prés et pâtures,   26   63   »»

Le revenu imposable est de 35,952 fr. 69 c., le nombre de maisons construites au recensement fait en 1861, est de 378 maisons et le nombre des ménages de 460.

LIEUXDITS DU TERROIR DE PRÉMONT.

Flot de Leunette, Bas des Fontaines, fief Vignier, les Sables, Mont-Affermy, où il s'est livré un combat sanglant à une époque inconnue. Chemin des Bourriques, Tordoir Roclin, Rio-du-Prince, voie des Cendres, aux Mazures, Entre deux Villes, Buisson Ardent, Vallée de l'Eglise, Voie de l'Œillette, le fief du Petit-Wallincourt, Romelu, au Chêne Raphaël, aux Berceaux, aujourd'hui le Jeu d'Arc, la voie des Seigniers, la Vallée Hazard, la Voie du Champ Claudine, la Hurée Marie Baude, etc.

IMPOTS.

Sous le régime féodal l'impôt était bien plus onéreux qu'aujourd'hui, celui que le seigneur prélevait sur les ventes, s'élevait au 1/4 du prix de la vente, ou

25 p. 0/0; ce droit se prélevait également sur les concessions d'arrentement, les donations, les échanges et
les autres aliénations.

Indépendamment de ce droit, les habitants de **Prémont** avaient à supporter la dime, la banalité du moulin
et le droit d'afforage qui était pour les débitants de
deux pots ou quatre litres du liquide contenu dans
chaque fût et un denier tournois par chaque lot vendu.

Une adjudication des droits de dime adjugés en 1730
à Nicolas Potel, l'obligeait à payer par chaque année.

1° 200 livres à madame de Prémont.

2° 100 livres à MM. du chapitre de Saint-Quentin.

3° 64 mancauds de blé au curé et

52 razières d'avoine.

Suivant l'assiette établie par les députés aux états-
généraux de Cambrai, le 1er septembre 1672, Prémont
était imposé comme suit :

Pour le personnel,	502	florins.
Pour le moulinage,	100	—
Pour la bierre,	650	—
Pour la taxe des lettres,	»»»	—

Pour 1784.

Pour le moulinage,	155	florins	8	patars.	
Pour la capitation,	352	—			
Pour la taille des mancaudées,	234	—	10	—	
Pour la taille extraordinaire,	425	—	13	—	
Pour la taille supplémentaire,	170	—	14	—	
Total.	1338	florins	5	patars.	

L'assiette faite par les maire et officiers municipaux, le 28 juin 1790, pour satisfaire à la somme de 574 florins 11 potars pour la contribution de la capitation et accessoire de la communauté, se fit ainsi qu'il suit :

1.º La tête de l'homme est imposée à 18 patars.

2º La femme veuve, 8 patars.

3º Le garçon, 4 patars.

4º 10 mancaudées de saison, jardin ou bois, pour une tête.

5º 20 mancaudées de mars, pour une tête.

6º 2 chevaux, pour une tête.

7º 2 vaches, pour une tête.

8º 10 moutons ou brebis pour une tête.

9º M. de La Nieppe, pour le tout, 53 fl. 7 patars.

10º Ses fermiers pour 67 mancaudées de mars et autant de saison.

11º Madame de Prémont, pour le toit, 5 fl. 13 patars.

12º M. le curé, 2 fl. 14 patars.

En l'an III de la République, il fut établi un rôle s'élevant à 70 livres 6 sols pour la contribution personnelle et somptuaire.

La tête de l'homme était taxée 5 livres.

Les cheminées, 1 livre 5 sols.

La citoyenne De Sart, pour son poële, 12 livres 6 sols.

ANCIEN CHATEAU-FORT DE PRÉMONT.

Prémont possédait anciennement un château fort. Cette forteresse importante, dans les temps éloignés, fut réparée en 1094, par Gilles de Prémont et a dû être démolie en 1553, par les troupes de Henri II. Nicolas le Sart fit construire, vers 1620, à peu de distance des vieux donjons ruinés, une superbe maison de campagne qui fut habitée par la famille de De Sart, jusqu'en 1794, où elle fut réduite en cendres et presque entièrement démolie par les Autrichiens, le 18 avril.

Il ne reste de cette ancienne forteresse qu'un large fossé au nord; celui à l'ouest est presque entièrement comblé.

BUREAU DE BIENFAISANCE.

Prémont a un bureau de bienfaisance dont les revenus s'élèvent actuellement à 2,839 francs, procurés par 25 hectares 91 ares de terres labourables, en plusieurs pièces, louées par bail du 22 mai 1857. Les secours aux indigents sont distribués en pains, vêtements charbon, et autres objets nécessaires, quatre-vingts indigents, en temps ordinaire, reçoivent des secours, ce qui, dans les années de disette, procure aux vieillards et aux ouvriers pauvres chargés de famille, un grand soulagement à leur misère.

Prémont n'a pas de hameau, il n'a que deux fermes à l'écart, la ferme du bois de Fervaque et le moulin de Pierre.

Il n'y a à Prémont aucun établissement industriel. Il ne reste plus qu'un moulin à vent.

LISTE DES MAIRES DE PRÉMONT.

1790. — Pierre Dumoutier.

1794. — Jean-Charles Blutte.

1803. — Charles-Louis Dubois.

1808-1821. — Wan Cappel.

1821-1832. -- Chrysostôme Villain.

1832-1838. — Alexandre Bobeuf.

1838-1840. — Daillie-Blot.

1840. — Auguste Legrand.

1841-1842. — Jean-Baptiste Guillot.

1842-1844. — Alexandre Bobeuf.

1844-1847. — Charles-Louis-Constant Cagniart.

1847-1850. — Daillie-Blot.

1852-1860. — Charles-Louis-Constant Cagniart.

1860-1863. — Jean-Baptiste Bricout.

1863-1866. — Charles-François Roquet.

TABLE DES MATIÈRES

Saint-Quentin. — Imprimerie de Jules Moureau, Place de l'Hôtel-de-Ville, 7.

www.ingramcontent.com/pod-product-compliance
Lightning Source LLC
LaVergne TN
LVHW021743170726
843503LV00004B/1704